基于相关滤波的视频目标跟踪技术研究

徐玉龙　苗　壮　李　阳　　著
王家宝　李　航

东南大学出版社
SOUTHEAST UNIVERSITY PRESS

·南京·

内 容 简 介

　　本书介绍了相关滤波框架下，一系列关于目标跟踪的最新研究成果。主要针对尺度变化、目标遮挡及特征设计与学习三方面问题，详细介绍了相应的目标跟踪方法与原理，具有很强的应用价值。

　　本书适合作为机器视觉、机器人学、运动目标跟踪等相关研究方向人员的参考用书，也为从事智能应用开发的相关人员提供了借鉴资料。

图书在版编目(CIP)数据

基于相关滤波的视频目标跟踪技术研究 / 徐玉龙等
著. — 南京：东南大学出版社，2021. 6
　ISBN　978 - 7 - 5641 - 9550 - 2

　Ⅰ.①基…　Ⅱ.①徐…　Ⅲ.①计算机视觉-研究
Ⅳ.①TP302.7

中国版本图书馆 CIP 数据核字(2021)第 104470 号

基于相关滤波的视频目标跟踪技术研究
Jiyu Xiangguan Lübo De Shipin Mubiao Genzong Jishu Yanjiu

著　　　者	徐玉龙　苗　壮　李　阳　王家宝　李　航
出版发行	东南大学出版社
社　　　址	南京市四牌楼 2 号(邮编：210096)
出 版 人	江建中
责任编辑	夏莉莉
经　　　销	全国各地新华书店
印　　　刷	南京玉河印刷厂
开　　　本	787mm×1092mm　1/16
印　　　张	8.5
字　　　数	156 千字
版　　　次	2021 年 6 月第 1 版
印　　　次	2021 年 6 月第 1 次印刷
书　　　号	ISBN　978 - 7 - 5641 - 9550 - 2
定　　　价	40.00 元

本社图书若有印装质量问题，请直接与营销部联系，电话：025 - 83791830。

前　言

　　视频目标跟踪一直都是计算机视觉领域的研究热点,在信息化军事、人机交互、智能视频监控、智能视觉导航、智能交通等领域都具有广阔的应用前景。本书主要介绍了基于相关滤波的视频目标跟踪技术,在此框架下设计了目标尺度估计算法与遮挡检测算法,讨论了基于多层卷积特征的目标跟踪算法,并利用多特征融合策略以及多跟踪器协同策略,为读者在工程中有效应用上述方法提供了参考。

　　本书主要成果与创新点如下:

　　(1)针对视频目标跟踪中的尺度问题,在相关滤波框架下研究了目标尺度的实时估计方法,提出了一种基于分块的尺度自适应目标跟踪方法。该方法首先利用核相关滤波获得目标的中心位置,然后将目标均分为四个子块,通过相关滤波找出子块中心的最大响应位置,最后根据前后两帧目标子块中心位置的相对变化计算出尺度的伸缩系数,进而计算出目标尺度,成功将尺度的计算问题转化为对子块中心的定位;同时引入了中心函数值偏差较大的标签函数来提高中心定位的准确度,引入子块权重系数来剔除匹配异常的子块中心点,提高尺度计算的鲁棒性;相关实验结果验证了算法的有效性和普适性。

　　(2)针对视频目标跟踪中的遮挡以及遮挡情况下的模型更新问题,研究了基于回溯的遮挡检测算法并在此基础上研究了跟踪模型的自适应更新策略。首先,将模型自适应更新理解为"记忆"的更新,即"记"的过程,提出回溯算法来模拟记忆模型"复述"或"忆"的过程;同时为了提高计算效率,提出了一步回溯遮挡检测算法,通过对比分析目标跟踪的结果和一步回溯结果实现对遮挡的检测,进而实现对目标遮挡区域的减除与目标重建;最后提出了模型自适应更新策略来避免由于目标被遮挡而带来的模型退化与跟踪漂移,从而实现了对遮挡目标的实时、鲁棒跟踪。相关实验还表明一步回溯算法能嵌入到其他视频目标跟踪方法中实现遮挡检测,算法具有一般性。

　　(3)针对传统特征难以实现复杂场景下目标的准确跟踪,研究了基于卷积特征的视频目标跟踪方法,成功将深度卷积神经网络的中间层特征应用于目标跟踪,同时将单通道的核相关滤波扩展为多通道核相关滤波以实现特征和模型直接匹配。在对卷积层特征层次分析的基础上,研究了多层卷积特征协同对冲机制,提出了多层卷积特征协同跟踪算法,并实现了协同跟踪器对卷积层特征的选择以及对卷积层权重的快速调节,有效克服了单一卷积层特征的不足。大量的定性和定量的实验验证了方法的有效性。

(4)针对采用单一固定特征对目标进行描述无法适应场景和目标动态变化的问题,分析了多特征融合的优点与可行性,提出了一种基于多特征融合的相关滤波跟踪算法,对比了不同颜色特征的跟踪性能。为使跟踪算法能兼顾卷积特征和传统特征的优点,研究了卷积特征与传统特征的互补策略,提出了尺度自适应协同跟踪方法。首先,在多层卷积特征与传统特征协同跟踪的基础上,设计了基于特征融合目标回溯算法实现了对协同跟踪结果的确认验证;然后将尺度估计方法引入到所提算法中实现了尺度估计。相关实验表明所提方法通过融合传统特征克服了卷积特征对于低灰度目标不敏感的缺点,提高了跟踪算法的鲁棒性,并且该方法在自制的包含军事敏感目标的数据集上也达到了良好的跟踪性能。

书稿中算法曲线及视频截图无法彩色显示,所以在相关图片旁附上二维码,可以扫码查看彩图。

鉴于作者学识有限,书中难免有疏漏和不妥,诚请各位专家、学者批评指正。

作者
2020 年 12 月

目　录

第一章 绪论

1.1 研究背景与意义

计算机视觉是一种研究如何让计算机对世界进行"感知"和"理解"的科学,它可以看作人类视觉和感知的延伸。计算机视觉既是工程领域,也是科学领域中一个富有挑战性的重要研究内容。近年来,随着计算机硬件水平与图像视频处理技术的迅猛发展,计算机视觉技术在智能控制、信息组织与检索、人机交互等许多领域得到了广泛应用[1-3]。

在计算机视觉领域中,视频目标跟踪一直都是一个重要课题和研究热点,具有广阔的应用前景[4]。所谓视频目标跟踪,是指对视频图像序列中的特定目标进行检测、提取、识别和跟踪,获得目标的位置参数,如目标质心的位置、速度、加速度,或者目标整体所占的图像区域,或是目标的运动轨迹等,从而进行后续深入的处理与分析,以实现对特定目标的行为理解,或完成更高级的任务[5-6]。随着相关技术的进步,视频目标跟踪正不断被应用于国防军事和人民生产生活等领域,主要包含以下几个方面:

(1) 信息化军事。视频目标跟踪技术是当今以及未来信息化军事的研究热点[7],主要集中在无人侦察、精确制导以及武器观测瞄准等方面。例如:在无人侦察方面,利用高空无人平台(无人机、侦察卫星等)对敌方敏感目标进行全天候监视与跟踪,获得敌方目标的状态信息(如位置、速度等),为有效掌握敌方目标动态提供参考,为战场态势评估分析提供依据;在精确制导方面,早在 20 世纪 70 年代,美国就研制出了视频制导导弹和炸弹,并应用于实战,取得了引人注目的作战效果;武器观测瞄准方面,如战斗机飞行员的头盔瞄准系统,需要对目标进行锁定与跟踪。因此,视频目标跟踪技术的研究对打赢信息化条件下的局部战争具有重要意义。

(2) 智能视频监控。智能视频监控是目标跟踪技术最活跃的应用领域[3,8]。智能视频监控系统通过对视频中的目标进行自动识别、跟踪以及更高层次的语义理解和分析处理,从而实现对目标的"感知"、对目标行为或状态的理解和分析,自动对异常行为或状态进行预警,可用于对特定场所(如军事部门、政府机关、电站、道路、车站、机场、银行、商场、企业等)的监控和预警,提高监控效率,同时减轻人员的工作负担。根据《中国安防行业"十三五"(2016—2020 年)发展规划》[9],在"中国制造 2025""互联网+"行动计划和智慧城市建设等时代背景下,"十三五"期间安防行业能保持 10% 以上的增长速度。截止到 2020 年,我国安防行业经济总收入将达到 8 000 亿元,安防行业增加值将达到 2 500 亿元左右,并且智能视频监控的市场规模将达到整个安防产业的一半以上[10]。因此作为智能视频监控的关键技术,视频目标跟踪的研究具有巨大的产业价值。

(3)智能交通。智能交通系统通过对视频序列中车辆的实时检测和跟踪,进一步自动地获取车辆的流量、车速、车流密度、道路拥塞状况等信息,进而辅助交通调度[11-12]。随着城市化进程的加快,城市机动车辆逐渐增多、车流密度逐渐增大,智能交通系统将成为辅助交通调度不可或缺的工具。

(4)智能视觉导航。智能视觉导航技术利用摄像头或其他传感器对周围环境和运动物体进行检测和跟踪,从而使得机器能够安全行驶、完成特殊作业或任务[13-14]。随着摄像机硬件设备和视频处理技术的快速发展,智能视觉导航技术已经被应用于智能机器人、无人驾驶汽车以及无人机等。

(5)人机交互。基于视频的人机交互技术通过对摄像头或其他视频采集设备采集的视频进行分析,实现人与计算机之间的"交互"。计算机软件通过对人的眼神[15]、表情[16]、手势[17-18]、姿态[19-20]等身体动作等进行分析和理解,进而完成相应的操作或实现相关功能。计算机要想获得诸如眼神、表情、手势、姿态等高级语义信息,就必须首先实现对人脸、人眼以及人体的定位和跟踪。因此,视频目标跟踪也是人机交互的重要环节之一。

除此之外,视频目标跟踪技术还在航空航天[21]、医学诊断[22-23]、视频压缩[24]、虚拟现实[25]、增强现实[26]、三维重建[27]等方面有着广泛的应用。因此对视频目标跟踪技术开展研究具有十分重要的意义。

1.2　国内外研究及应用现状

由于视频目标跟踪技术具有重要的现实意义和广阔的应用前景,因此视频目标跟踪技术一直以来受到各国政府、高等院校、科研院所和商业公司的密切关注,并投入大量资金和科研人员进行了大量的研究工作,在理论以及应用上已经取得了一些比较显著的成果。

国外许多大学和研究所都在视频目标跟踪方面做了大量的研究工作,较为知名的有美国卡内基梅隆大学的机器人研究院、美国麻省理工学院的媒体实验室、英国牛津大学的机器人实验室、英国爱丁堡大学、法国国家计算机科学与控制研究所、澳大利亚阿德莱德大学等。这些学校和研究所每年都有大量的论文成果在国际权威期刊、顶级会议上发表和公开,推动着视频目标跟踪技术的不断发展。

在国内的研究机构中,中国科学院自动化研究所的模式识别国家重点实验室和微软亚洲研究院的计算机视觉组在视频目标跟踪方面做了大量的研究工作。国内其他著名高校(如清华大学、北京大学、浙江大学、上海交通大学、大连理工大学、华中科技大学、国防科技大学等)和研究所(如中国科学院计算技术研究所、中国科学院光电技术研究所等)也在目标跟踪和智能监控等领域进行了深入的研究[3]。

由于目标跟踪技术有着广阔的市场(特别在军事侦察和安防监控应用上),很多国内外机构和商业公司不断地研发与目标跟踪相关的商业产品。如美国卡内基梅隆大学拥有大量与之相关的军方和政府的研究项目,早在 1997 年美国就启动了视频监控(Video Surveillance and Monitoring, VSAM)项目,致力于行人、车辆等目标的实时监控与跟踪,后来开展的视频身份验证(Video Verification of Identity, VIVID)项目,专门研究无人机对地面目标的检测、跟踪与识别。2008 年美国国防高级研究计划局(DARPA)发布研发"自动实时地面全部署侦察成像系统(Autonomous Real-Time Ground Ubiquitous Surveillance Imaging System, ARGUS-IS)[28]",该系统的机载监视摄像头使美军可从 5 000 m 的高空探测出地面行人所用的手机型号,可实时拍摄到分辨率达到 1 800MP 的一整个中等规模城市的可缩放视频内容。该系统可自动跟踪其"看到的"包括车辆、行人在内的任何移动物体,并且用不同颜色的方块将物体标注出来,以利于分析识别。据悉,BAE 系统公司正在研制一款 ARGUS 红外线版系统,这将使得该系统即便是在夜间也能够完全监控一个区域。其他发达国家如法国、以色列等也在视频目标跟踪方面做了大量的研究并开发出相关视频事件检测、跟踪系统。以色列Mate 公司开发的智能监控系统可以对视频目标进行跟踪并实现异常行为的检测、报警等功能;法国的 Citilog 公司开发的视频事件检测系统能够对车辆实时监控跟踪,实时监控交通事件、采集交通数据,达到辅助交通的功能。目前 Citilog 公司开发的视频事件检测系统已经出口超过 70 个国家和地区。除此之外,一些大型 IT 公司(如 Google、微软等)也在不断研发与视频跟踪技术相关的应用产品。

在国内的研究机构中,由谭铁牛院士领导的中国科学院自动化研究所的模式识别重点实验室,最先设计并初步实现了一个拥有完全自主知识产权的交通监控系统 VS-Star (Visual Surveillance Star)[29]。目前,随着国家自然科学基金的不断资助和支持以及市场需求的不断增大,越来越多的国内知名高校、研究所和商业公司都加快了目标跟踪算法和技术的研究工作。如海康威视开发的智能视频监控系统相关产品在北京奥运会、上海世博会、国庆大阅兵等国家重大安保项目中都得到了应用。比较知名的国内公司还有大华股份、同洲电子、安居宝、迪威视讯等。除此之外,大型通信运营商和设备制造商(如中国移动、华为、中兴等)也开始研发视频目标跟踪技术相关的智能产品。

在学术论文方面,有关视频目标跟踪的最新研究成果主要发表在计算机视觉以及模式识别领域的国际和国内权威期刊或顶级会议上。国际上的权威期刊如:IEEE-TPAMI (IEEE Transactions on Pattern Analysis and Machine Intelligence)、IJCV (International Journal of Computer Vision)、IEEE-TIP (IEEE Transactions on Image Processing)、IEEE-TCSVT (IEEE Transactions on Circuits and Systems for Video Technology)、PR (Pattern Recognition)、CVIU(Computer Vision and Image Understanding)等;顶级会议如:CVPR (IEEE Conference on Computer Vision and Pattern Recognition)、ICCV (International Conference on Computer Vision)、ECCV (European Conference on Computer Vision)、ACCV(Asian Conference on Computer Vision)等。国内的期刊如:《计算机学报》《电子学报》《电子与信息学报》《自动化学报》《软件学报》《中国图象图形学报》等,以及由中国图象图形学学会和计算机学会等组织的学术会议上也有视频目标跟踪方面的研究成果。

目前来看,国内的视频目标跟踪技术相关理论和方法的研究以及应用水平和国外先进水平之间还有着较大的差距,因此,为了缩小同国外视频目标跟踪技术的差距,进一步提高相关理论的应用水平,需要对具有通用性和实用性的视频目标跟踪技术进行深入研究和探讨。

1.3 视频目标跟踪技术概述

1.3.1 视频目标跟踪系统框架

视频目标跟踪的主要任务是对视频图像序列中的特定目标进行检测、提取、识别和跟踪,获得目标的位置参数,从而进行后续深入的处理与分析。其总体框架如图 1.1 所示。

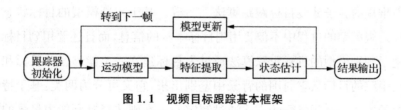

图 1.1　视频目标跟踪基本框架

跟踪器初始化。在跟踪的初始阶段需要根据标记的初始目标区域(第一帧的目标位置通过人工方式标注完成)提取相关特征,获得最初的目标外观描述,建立最初的目标外观模型[30]。

运动模型。运动模型(Motion Model)是描述相邻两帧之间目标运动状态之间的关系,即根据上一帧目标的位置预测目标在当前帧可能出现的区域,并给出一组目标可能出现的候选区域。卡尔曼滤波(Kalman Filtering)[31-34]和粒子滤波(Particle Filtering)[35-38]是两种比较经典的运动模型。

特征提取。特征提取是视频目标跟踪的关键环节,涉及视频、图像处理领域的多种理论和方法,所提视觉特征对目标外观描述能力的强弱直接影响着跟踪器的性能,好的外观描述特征能够实现较鲁棒的跟踪[39]。视频目标跟踪中常用的视觉特征有:灰度特征[40-42]、纹理特征[43-45]、颜色特征[46-49]、兴趣点特征[50-53]、Haar-like 特征[54-56]以及超像素特征[57-59]等。此外,随着深度学习(Deep Learning,DL)[60-63]技术的飞速发展以及卷积神经网络(Convolutional Neural Network,CNN)[64,65]在目标检测[66-68]和分类识别[69-71]上所取得的巨大成功,一些研究者也将基于卷积神经网络的图像特征提取方法引入到视频目标跟踪领域[72-77]。此类方法利用预训练的卷积神经网络对视频帧进行特征提取,获得目标特征表示,然后利用该特征实现目标跟踪。由于深度神经网络学习得到的特征对目标具有更好的表述能力,因此此类方法的跟踪精度较高。

状态估计。状态估计是视频目标跟踪的核心环节,状态估计就是根据提取的目标图像特征,利用相似度量、优化等方法,在当前帧中估计目标状态,如目标位置参数、目标整体所占的图像区域等。根据描述目标外观所使用的目标图像信息可将状态估计分为基于生成模型(Generative Model)的目标状态估计和基于判别模型(Discriminative Model)的目标状态估计。此外,还有研究者将生成模型和判别模型相结合来估计建立目标外观模型[78],从而达到优势互补的目的。基于生成模型的目标状态估计算法只为待跟踪目标建立外观模型,然后将目标的状态估计转化为在当前帧的候选区域中寻找与目标区域特征最相似的图像区域。常见的基于生成模型的目标跟踪算法有基于子空间(Subspace)的目标跟踪算法[79-82]、基于均值漂移(Mean Shift)的目标跟踪算法[83-86],以及基于贝叶斯推理的粒子滤波目标跟踪算法[87-90]等。基于判别模型的目标状态估计算法在建立目标外观模型的过程中不但要用到目标本身的信息，而且还要用到目标周围的背景信息。基于判别模型的目标跟踪算法通过为目标建立一个能够区分目标和背景的外观模型将被跟踪的目标从它周围的背景中鉴别出来，它又可分为两类：基于特征的方法和基于学习的方法。基于特征的方法通过制定一定准则选择判别能力最强的特征来区分目标和它周围的背景[91-93]；基于学习的方法把视频目标跟踪问题看作一个分类问题，利用初始帧或已经跟踪完成的若干帧目标和背景图像学习一个分类器来区分目标与它周围的背景，并利用学习的分类器在当前帧中进行目标检测，获得目标状态参数以达到目标跟踪的目的[94]。由于基于学习的视频目标跟踪算法表现较好，因此许多研究者把机器学习中丰富多样的学习算法［如：流形学习（Manifold Learning）[95]，字典学习（Dictionary Learning）[96-97]，多核学习（Multiple Kernel Learning，MKL）[98-100]，迁移学习（Transfer Learning，TL）[101-103]，结构化学习（Structured Learning）[104,105]等］引入到视频目标跟踪领域来解决目标跟踪中常见的各类问题，进而提高跟踪器的性能。近年来，在基于判别模型的目标跟踪算法中出现的基于相关滤波（Correlation Filter，CF）的视频目标跟踪方法[106]由于其在跟踪性能和计算效率上的出色表现已经成为目标跟踪领域的研究热点。

模型更新。为了能够适应目标外观的变化，视频目标跟踪算法需要包含一个模型更新机制在跟踪的过程中不断地对外观模型进行更新。常用的模型更新策略有模板更新[97]、增量子空间学习[81,107]等。需要指出的是直接用新的观测样本来更新外观模型并不合理，因为新的观测样本可能包含遮挡等异常情况，利用这些包含异常情况的样本进行模型更新很容易导致模型的退化，进而引起跟踪漂移（Tracking Drift）。因此如何设计一个合理的外观模型更新机制，既能使模型适应目标外观的变化又不会导致模型退化也是视频目标跟踪中的一个开放性问题。

1.3.2　基于相关滤波的视频目标跟踪

相关滤波是图像匹配和目标检测[108]的常用方法，Bolme 等[106]通过最小化输出误差平方和（Minimum Output Sum of Squared Error，MOSSE）来训练相关滤波器，首次将相关滤波用于视频目标跟踪。基于 MOSSE 滤波器的视频目标跟踪算法在跟踪的过程中通过引入快速傅里叶变换（Fast Fourier Transform，FFT）将两个图像块的空间卷积操作变换成频域中的点积，大大降低了跟踪算法的时间复杂度。MOSSE 方法对光照、部分遮挡和非刚体形变等具有较好的鲁棒性。

Henriques 等在相关滤波器中引入核函数,提出了基于核函数的循环结构(Circulant Structure with Kernels,CSK)[109]跟踪算法。在 CSK 算法中训练样本是在目标图像周期性假设条件下利用循环滑动窗口操作从一帧图像中通过稠密采样获得。CSK 首次阐述了目标图像周期性假设条件下循环移位样本的岭回归问题和传统相关滤波之间的关系,结合循环矩阵理论,通过快速傅里叶变换来实现滤波器的训练,进而将目标跟踪问题转化为在下一帧中搜索相关滤波器的最大响应位置。CSK 算法只使用了图像的灰度信息,为了提高跟踪性能,Henriques 等在文献[110]所提出的核相关滤波(Kernelized Correlation Filter,KCF)跟踪中引入了对目标表述能力更强的方向梯度直方图(Histogram of Oriented Gradient,HOG)特征。Zhang 等利用其在相关跟踪滤波框架下提出的"时空上下文"(Spatio-Temporal Context,STC)[111]模型,实现了快速的视频目标跟踪,同时 STC 算法还讨论了目标尺度的变化和相关滤波器最大响应值之间的关系,通过连续两帧相关滤波器最大响应值的比值来估计当前帧中目标的尺度,STC 将连续 5 帧的平均估计尺度作为最终的目标尺度来减小噪声等对尺度估计的影响。在尺度变化较小的场景中 STC 能够自适应目标尺度的变化,而且 STC 跟踪器对光照变化、部分遮挡、旋转和背景杂乱的视频场景有较好的跟踪,但对刚性形变和低分辨率的视频目标跟踪效果不佳。Danelljan 等利用大量负例样本通过在线学习来训练分类器[112],但是由于用到了优化迭代,因此耗费了较多的计算时间,而且对遮挡的处理效果不好。用小图像块来描述外观模型能够使跟踪算法对于目标形变和遮挡具有更好的鲁棒性[113-115],Liu 等[114]利用相关滤波跟踪方法的高效计算优势,将目标图像分成 5 个子块,通过对子块的跟踪来实现目标的跟踪。分块跟踪能够比较好地处理遮挡问题,同时也能对尺度进行估计,因此对尺度变化具有一定的鲁棒性,但是对于长时间、大范围的遮挡问题,此方法的跟踪效果也不是很好。Ma 等[116]在相关滤波框架下引入了重检测的过程,实现了对长时间遮挡目标的跟踪,同时也引入了尺度滤波器[117],实现了对目标尺度的估计,达到了对尺度变化目标的鲁棒跟踪。

对于彩色视频的目标跟踪,合理利用视频图像的颜色信息可以有效提高跟踪器的性能。Danelljan 等[118]在文献[109]的基础上将颜色特征信息[119]用到对目标外观的描述中,并利用主成分分析(Principal Component Analysis,PCA)[120]对颜色空间进行维数约简,选取目标主颜色,同时改进了模板的更新机制,实现了自适应选择颜色属性的实时跟踪。Li 等[121]在不同尺度下分别提取 HOG 特征和颜色特征,并将二者进行融合,使融合后的特征兼具二者的优点,实现了对彩色视频目标的鲁棒跟踪,但是由于该方法在计算尺度的过程中使用了简单的"金字塔"模型,因此效率较低,难以满足实时性要求。

　　基于相关滤波的跟踪方法的准确性和稳定性很大程度依赖于在特征空间上目标与背景的可分性。在跟踪过程中,被跟踪的目标和周围背景的外观一般都会发生变化,从而导致用于判别的特征集合也发生变化。因此,在线提取能够适应目标和背景外观变化的特征是这类算法的关键。以上基于相关滤波的跟踪方法利用了目标图像的灰度信息、颜色、纹理等信息来提取特征作为目标图像特征图,这些特征虽然表现优异,但其本质上都是人为设计的,手工设计特征或多或少会有各自的先天不足,最近两年伴随着深度学习技术的飞速发展,基于深度学习的图像特征提取方法也开始在视频目标跟踪领域得到应用。Ma 等[122]分别利用三个卷积层特征训练独立的相关滤波器,在跟踪过程中由粗到细(Coarse to Fine)将三个相关滤波器的响应输出通过加权获得最终的滤波响应,实现了鲁棒的目标跟踪。Qi 等[123]在相关滤波框架下引入深度卷积特征和对冲机制提出了对冲深度跟踪(Hedged Deep Tracking,HDT)方法,HDT 利用六个卷积层特征训练独立的相关滤波器,在跟踪过程中引入一个参数无关的对冲算法[124]来学习获得加权系数。Li 等[125]则利用五个卷积层特征训练独立的相关滤波器,并引入尺度滤波[117]来估计目标的尺度,实现了更加鲁棒的目标跟踪。以上三种基于深度特征的相关滤波跟踪方法均达到了良好的跟踪性能,但是它们还存在两个共同的问题:一是卷积层的选择,不同的卷积层特征对目标具有不同的描述能力,而且卷积层特征均存在大量的冗余信息,如何选择合理的卷积层数以及如何剔除卷积层特征所包含的冗余信息是这类方法需要解决的问题;二是此类方法过度依赖预训练的深度卷积神经网络,这是由目标图像样本过少(通常只有初始帧图像)所决定的,因此就要求所用的深度卷积神经网络要具有足够的泛化能力才能保证其在各种场景下都能提取对目标具有足够描述能力的特征,进而实现鲁棒的目标跟踪,但训练具有足够泛化能力的深度卷积神经网络本身就是一个挑战。

　　总之,基于相关滤波的目标跟踪算法还将是在线视觉跟踪研究的一个热点方向,深度学习的发展仍会成为该方向发展的重要推动力。

1.3.3　跟踪算法评价标准

　　不同目标跟踪算法跟踪性能的好坏可以通过定性评估和定量评估来评测。定性评估就是将不同跟踪算法的跟踪结果直接显示在视频帧上,通过人眼直接观察对比不同跟踪算法的跟踪结果。如图 1.2 中对人脸的跟踪,虚线框和实线框分别代表两种不同跟踪算法的跟踪结果。从图 1.2 可以直观地看出:相对于虚线框,实线框更准确地覆盖了目标区域,这也说明在该段视频上实线框所代表的跟踪算法的跟踪结果优于虚线框所代表的跟踪算法的跟踪结果。尽管定性评估能够给人以直观生动的印象,但是它并不能直接评估出跟踪结果与真实值的差距。

图 1.2　定性评估示意图

相对于定性评估,定量评估能直接评估出跟踪结果与真实值的差距,而且更有利于评估不同跟踪算法的优劣。目前,视频目标跟踪常用的评价指标主要有:(1) 中心位置评估,包括中心位置误差(Centre Location Error,CLE)、平均中心位置误差(Average Centre Location Error,ACLE)和中心误差曲线(Centre Error Curve,CEC);(2) 距离精度评估,包括距离精度(Distance Precision,DP)和距离精度曲线(Distance Precision Curve,DPC);(3) 重叠率评估,包括重叠率(Overlap Rate,OR)、平均重叠率(Average Overlap Rate,AOR)和重叠率曲线(Overlap Rate Curve,ORC);(4) 成功率评估,包括成功率(Success Rate,SR)和成功率曲线(Success Rate Curve,SRC)。

对于一段测试视频,假设视频长度为 T 帧,t 表示视频第 t 帧索引,$t \in [1, T]$,第 t 帧的中心位置误差 CLE_t 是该帧跟踪结果的中心点坐标 (x_t^o, y_t^o)(如图 1.3(a)中黑实心点)和真实值(手工标注)的中心点坐标 (x_t^g, y_t^g)(如图 1.3(a)中白色实心点)之间的欧氏距离,

$$CLE_t = \sqrt{(x_t^o - x_t^g)^2 + (y_t^o - y_t^g)^2} \tag{1.1}$$

单位为像素。

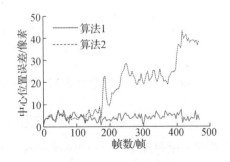

(a) 中心位置误差示意图　　　　　　(b) 中心误差曲线示意图

图 1.3　中心位置评估示意图

中心位置误差 CLE_t 越小,表示跟踪算法在该帧定位越准确、跟踪越精确。此外,以视频帧索引 t(帧数)为横轴,以中心位置误差 CLE_t 为纵轴绘制中心误差曲线可以对比不同跟踪算法的跟踪性能,如图 1.3(b)所示。实线表示算法 1 的中心误差曲线,虚线表示算法 2 的中心误差曲线,由于在多数情况下实线比虚线低,因此算法 1 在该段视频上的跟踪结果较算法 2 好。计算在所有视频帧上的平均中心位置误差,

$$ACLE = \frac{1}{T}\sum_{t=1}^{T}CLE_t \tag{1.2}$$

可以评估不同跟踪算法的整体跟踪性能。跟踪算法的平均中心位置误差 $ACLE$ 越小,说明该算法跟踪结果越准确。

距离精度 DP 是 CLE 小于某一个阈值的百分比,通常选取阈值为 20 像素,DP 即为跟踪结果的中心点距离目标真实值中心点小于 20 像素的帧数占视频总帧数的百分比。DP 的计算结果在 0 到 1 之间,DP 越接近 1 说明有越多视频帧的跟踪结果和目标真实值的偏差小于 20 像素,对应跟踪算法的精度越高;反之则说明跟踪结果与目标真实值的偏差越大、跟踪算法的精度越低。此外,以中心误差阈值为横轴,以距离精度为纵轴绘制距离精度曲线可以对比不同跟踪算法的跟踪性能,如图 1.4 所示。实线表示算法 1 的距离精度曲线,虚线表示算法 2 的距离精度曲线,由于实线比虚线高,因此算法 1 在该段视频上的跟踪结果较算法 2 好。

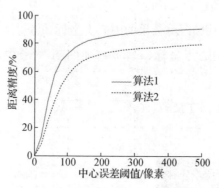

图 1.4　距离精度曲线示意图

对于一段长度为 T 帧的测试视频,第 t 帧的重叠率 OR_t 定义为:

$$OR_t = \frac{\text{area}(B_t \bigcap G_t)}{\text{area}(B_t \bigcup G_t)} \tag{1.3}$$

其中 B_t 为第 t 帧跟踪结果,G_t 为第 t 帧标注框,$\bigcap$ 表示重叠区域,$\bigcup$ 表示二者覆盖总区域,$\text{area}(\cdot)$ 表示区域的面积。重叠率的计算结果在 0 到 1 之间,重叠率越接近 1,说明跟踪算法的精度越高;反之越低。

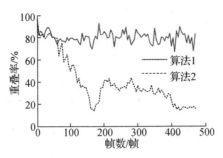

图 1.5　重叠率曲线示意图

以视频帧索引 t 为横轴，以重叠率 OR_t 为纵轴绘制重叠率曲线可以对比不同跟踪算法的跟踪性能，如图 1.5 所示。实线表示算法 1 的重叠率曲线，虚线表示算法 2 的重叠率曲线，由于在多数情况下实线比虚线高，因此算法 1 在该段视频上的跟踪结果较算法 2 好。计算在所有视频帧上的平均重叠率，

$$AOR = \frac{1}{T} \sum_{t=1}^{T} OR_t \tag{1.4}$$

可以评估不同跟踪算法的整体跟踪性能。跟踪算法的平均重叠率 AOR 越大，说明该算法跟踪结果越准确。

相对于中心位置评估和距离精度评估，重叠率评估准则更能反映跟踪结果的精确程度，但是目标跟踪问题并不像目标分割问题那样需要精确的重叠率计算（目标分割问题需要精确地计算重叠率来评估分割算法的精度，而目标跟踪问题只需要描述跟踪算法是否成功地捕捉到被跟踪的目标，因此，过于精确地比较重叠率的大小意义不大）。因此有学者提出利用跟踪成功率来描述跟踪算法在测试视频上的整体表现[126]，当第 t 帧的重叠率 OR_t 大于某一阈值（如 0.5）则认为该帧跟踪成功，否则认为该帧跟踪失败，然后可以统计重叠率 OR_t 大于该阈值的帧数（记为 M）占跟踪总帧数的百分比即为该段视频的跟踪成功率：

$$SR = M/T \tag{1.5}$$

成功率越接近 1 说明跟踪算法的精度越高；反之越低。以重叠率阈值为横轴，以成功率 SR 为纵轴绘制成功率曲线可以对比不同跟踪算法的跟踪性能，如图 1.6 所示。实线表示算法 1 的成功率曲线，虚线表示算法 2 的成功率曲线，由于实线比虚线高，因此算法 1 在该段视频上的跟踪结果较算法 2 好。可以证明成功率曲线和两坐标轴围城的面积（Area Under the Curve，AUC）在数值上等于平均重叠率 AOR。

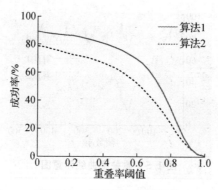

图 1.6　成功率曲线示意图

此外,算法的效率也是一个常用的评价指标,通常用每秒处理帧数(Frames Per Second,FPS)或处理每一帧图像所需要的时间(Seconds Per Frame,SPF)来描述。同样跟踪精度的条件下,效率越高则算法整体的跟踪性能就越好;反之越差。

1.3.4　目标跟踪评测数据集

为了评估本书提出的跟踪算法的性能,本书收集了多种现存的跟踪算法,并选取视频目标跟踪领域最常用的公开数据集[5](50 段视频,共计 29 184 帧)来测试所提算法。这些视频包含了许多挑战因素,如光照变化(Illumination Variation,IV)、尺度变化(Scale Variation,SV)、遮挡(Occlusion,OCC)、变形(Deformation,DEF)、运动模糊(Motion Blur,MB)、快速运动(Fast Motion,FM)、平面内旋转(In-Plane Rotation,IPR)、空间旋转(Out-of-Plane Rotation,OPR)、移出视野(Out-of-View,OV)、背景杂乱(Background Clutters,BC)、低分辨率(Low Resolution,LR)等。表 1-1 列出了目标跟踪评测视频段的名称、帧数以及挑战因素等信息。

表 1-1　目标跟踪评测视频段

图像序列	总帧数	挑战因素
Basketball	725	IV, OCC, DEF, OPR, BC
Bolt	350	OCC, DEF, IPR, OPR
Boy	602	SV, MB, FM, IPR, OPR
Car4	659	IV, SV
CarDark	393	IV, BC
CarScale	252	SV, OCC, FM, IPR, OPR

图像序列	总帧数	挑战因素
Coke	291	IV, OCC, FM, IPR, OPR, BC
Couple	140	SV, DEF, FM, OPR, BC
Crossing	120	SV, DEF, FM, OPR, BC
David	471	IV, SV, OCC, DEF, MB, IPR, OPR
David2	537	IPR, OPR
David3	252	OCC, DEF, OPR, BC
Deer	71	MB, FM, IPR, BC, LR
Dog1	1 350	SV, IPR, OPR
Doll	3 872	IV, SV, OCC, IPR, OPR
Dudek	1 145	SV, OCC, DEF, FM, IPR, OPR, OV, BC
FaceOcc1	892	OCC
FaceOcc2	812	IV, OCC, IPR, OPR
Fish	476	IV
FleetFace	707	SV, DEF, MB, FM, IPR, OPR
Football	362	OCC, IPR, OPR, BC
Football1	74	IPR, OPR, BC
Freeman1	326	SV, IPR, OPR
Freeman3	460	SV, IPR, OPR
Freeman4	283	SV, OCC, IPR, OPR
Girl	500	SV, OCC, IPR, OPR
Ironman	166	IV, SV, OCC, MB, FM, IPR, OPR, OV, BC, LR
Jogging	307	OCC, DEF, OPR
Jumping	313	MB, FM
Lemming	1 336	IV, SV, OCC, FM, OPR, OV
Liquor	1 741	IV, SV, OCC, MB, FM, OPR, OV, BC
Matrix	100	IV, SV, OCC, FM, IPR, OPR, BC
Mhyang	1 490	IV, DEF, OPR, BC
MotorRolling	164	IV, SV, MB, FM, IPR, BC, LR
MountainBike	228	IPR, OPR, BC

续表

图像序列	总帧数	挑战因素
Shaking	365	IV, SV, IPR, OPR, BC
Singer1	351	IV, SV, OCC, OPR
Singer2	366	IV, DEF, IPR, OPR, BC
Skating1	400	IV, SV, OCC, DEF, OPR, BC
Skiing	81	IV, SV, DEF, IPR, OPR
Soccer	392	IV, SV, OCC, MB, FM, IPR, OPR, BC
Subway	175	OCC, DEF, BC
Suv	945	OCC, IPR, OV
Sylvester	1 345	IV, IPR, OPR
Tiger1	354	IV, OCC, DEF, MB, FM, IPR, OPR
Tiger2	365	IV, OCC, DEF, MB, FM, IPR, OPR, OV
Trellis	569	IV, SV, IPR, OPR, BC
Walking	412	SV, OCC, DEF
Walking2	500	SV, OCC, LR
Woman	597	IV, SV, OCC, DEF, MB, FM, OPR

1.4 视频目标跟踪技术难点

视频目标跟踪技术理论研究虽然已经取得了很大的发展,并且已经有部分成果进入实用化阶段,但是当前仍然面临着很多挑战。比如,尺度变化会造成被跟踪目标外观在不同帧中存在较大的差异,但是许多目标跟踪算法[109-110]在跟踪过程中始终假设目标尺度保持不变,然而在大部分的现实场景中这种假设是不合理的。因为视频中的运动目标和摄像机之间的相对距离常常处于动态的变化之中,随着目标和摄像头之间距离的不断变化,场景中运动目标的尺度也会不断发生变化,用尺度固定的算法去跟踪尺度不断发生变化的目标,不但影响跟踪的精度,甚至有时候还会导致跟踪失败。再如,遮挡会造成目标外观的不完整或给目标区域引入不同程度的背景干扰,许多基于检测的跟踪方法[110,127]只是在众多的检测样本中找出和目标最匹配的样本,并没有判断是否目标被遮挡,也没有对遮挡进行减除。当目标发生长时间、大范围的遮挡时,利用这些包含遮挡情况的样本进行模型更新很容易导致模型的退化,使得模型逐渐被遮挡所替代,进而引起跟踪漂移。如何对遮挡进行检测,设计合理的外观模型更新机制,既能使模型适应目标遮挡的情况又不会导致模型退化仍是视频目标跟踪中的一个重要问题。此外,由于不同特征对不同场景下目标的泛化能力不同,如何保证在各种复杂条件下都能提取对目标具有较好描述能力的特征,实现鲁棒的目标跟踪,是视觉跟踪必须要解决的问题。

当前的跟踪算法虽然在一定程度上能够完成对运动目标的跟踪,但是大多数算法只适用于一些特定的目标、特定的环境或者具有其他一些应用约束条件;许多跟踪算法复杂度高、跟踪精度受参数设置的影响严重,适应性和抗干扰性有局限性;而且实际的应用中,不同的应用场合对目标跟踪算法性能指标的要求不尽相同,要真正达到实用的要求,还有许多实际问题需要解决。

1.5　本书主要研究内容与组织结构

本书主要研究基于相关滤波的视频目标跟踪技术,在此框架下设计目标尺度估计算法与遮挡检测算法,寻找有效的视频目标特征表示方法,研究基于多层卷积特征的目标跟踪方法,同时探索多特征融合策略以及多跟踪器协同的目标跟踪方法。全书共分为六章,图 1.7 清晰地展示了各个章节之间的关系。第一章绪论引出本书要研究的目前视频目标跟踪领域仍存在的技术难点;后续三章分别研究目标跟踪中的尺度估计、遮挡检测与特征表示问题;第五章在融合多种特征的基础上整合前面三章的方法设计鲁棒的目标跟踪算法;最后一章总结全书并展望未来。各个章节的具体内容如下:

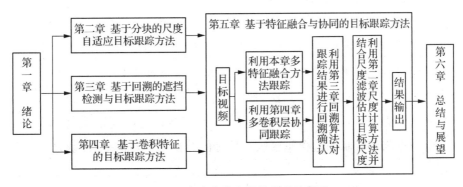

图 1.7　各个章节之间的关系示意图

第一章对视频目标跟踪研究背景和国内外研究现状进行了介绍;对视频目标跟踪系统框架、评价标准进行了说明;重点综述了基于相关滤波的视频目标跟踪技术,指出了目前视频目标跟踪领域仍存在的技术难点;最后概述了本书主要研究内容与组织结构。

第二章针对视频目标跟踪中目标尺度的变化,在相关滤波框架下研究了视频目标跟踪中目标尺度的实时估计方法,提出了一种基于分块的尺度自适应目标跟踪方法,将尺度的计算问题转化为对子块中心的定位;同时对相关滤波训练过程中所使用的样本标签函数进行研究,引入了中心函数值偏差较大的标签函数来提高中心定位的准确度,引入子块权重系数来剔除匹配异常的子块中心点。在具有尺度变化的公开数据集上对所提算法及其可扩展性进行了分析和实验验证。

第三章从记忆模型出发研究了目标跟踪中的遮挡检测方法以及如何实现遮挡情况下的模型自适应更新,提出了基于回溯的遮挡检测方法。首先从记忆机制出发将模型自适应更新理解为"记忆"的更新,即"记"的过程,提出回溯算法来模拟记忆模型"复述"或"忆"的过程;同时为了提高计算效率,在核相关滤波框架下提出了一步回溯遮挡检测算法;最后提出了模型自适应更新策略来避免由于目标被遮挡而带来的模型退化与跟踪漂移。通过相关实验对所提算法的有效性和一般性进行验证。

第四章针对传统特征难以实现复杂场景下鲁棒的跟踪效果,将深度学习应用到目标跟踪,提出了一种基于卷积特征的视频目标跟踪方法;同时将单通道的核相关滤波扩展为多通道以实现特征和模型直接匹配;最后,在对卷积层特征层次分析的基础上,针对单一卷积层特征的不足,研究了多层卷积特征协同对冲机制,设计并实现了协同跟踪器对卷积层特征的选择以及对不同卷积层权重的快速调节,通过大量的定性和定量的实验对所提算法的有效性进行验证。

第五章针对目标所处的场景复杂多变且难以预测,使用单一的固定特征对目标进行描述无法适应场景和目标的动态变化,跟踪效果不理想的问题,分析了多特征融合的优点与可行性,提出了一种基于多特征融合的相关滤波跟踪算法,对比了不同颜色特征的跟踪性能;同时为使算法能兼顾卷积特征和传统特征的优点,研究了深度卷积特征与传统特征的互补策略,在多层卷积特征协同跟踪算法的基础上,利用所提多特征融合方法设计并实现目标回溯算法,通过回溯实现了对协同跟踪结果的确认验证;其后将尺度估计方法引入到所提算法中实现了尺度自适应协同跟踪(SACoT);最后,分别在公开数据集和自制的包含军事敏感目标的数据集上对 SACoT 算法的有效性进行了验证。

第六章是本书的总结和展望,对全书进行了全面的总结概括,分析阐述了未来视频目标跟踪的发展趋势以及需要解决的问题并对下一步的研究工作进行了展望。

第二章 基于分块的尺度自适应目标跟踪方法

2.1 引言

许多目标跟踪算法[109-110]在跟踪过程中始终假设目标尺度是保持不变的,然而在大部分的现实场景中这种假设并不合理。因为视频中的运动目标和摄像机之间的相对距离常常处于"由远及近"或"由近及远"的变化之中,这就使得场景和目标区域都具有动态性。随着目标和摄像头之间距离的不断变化,场景中运动目标的尺度也会不断发生变化,用尺度固定的算法去跟踪尺度不断发生变化的目标,不但影响跟踪的精度,甚至会导致跟踪失败。如图 2.1 所示,在 CarScale 序列[5]中,所要跟踪的目标(汽车)尺度在不同帧中(图中列出了第 16 帧和第 226 帧)变化较大,此时如果用尺度固定的算法去跟踪该目标就容易导致跟踪失败。

图 2.1 视频中目标尺度变化示意图

为了有效地提取视频中的目标,获得良好的跟踪性能,就必须充分考虑目标因成像传感器与目标之间的相对距离变化而引起的目标图像尺度变化特性。因此,研究出一种尺度自适应的目标跟踪算法具有十分重要的意义。

传统的基于"金字塔"模型的尺度估计方法[117,125]实际上是一种枚举搜索的方法,该方法首先要选择一组候选尺度,然后计算每一个候选尺度下跟踪器的响应值,选出对应响应值最大的尺度作为新的目标尺度。而现实场景中,目标尺度的变化通常具有连续性,不同目标、不同场景下尺度的变化范围也不尽相同,因此要保证算法的精度和泛化能力就要求候选尺度的范围足够大、分布足够密。但是候选尺度的个数总是有限,而且候选尺度个数与算法的速度成反比,因此该方法通常会在精度和速度之间做出一定取舍。

本章针对视频目标跟踪中目标尺度的变化,在相关滤波框架下研究了视频目标跟踪中目标尺度的实时估计方法,提出了一种基于分块的尺度自适应目标跟踪方法(Patch-based Scale Adaptive Tracker,PSAT)。该方法首先利用核相关滤波获得目标的中心位置,然后将目标均分为四个子块,通过相关滤波找出子块中心的最大响应位置,最后根据前后两帧目标子块中心位置的相对变化计算出尺度的伸缩系数,进而计算出目标尺度,成功将尺度的计算问题转化为对子块中心的定位;同时对相关滤波训练过程中所使用的样本标签函数进行研究,引入了中心函数值偏差较大的标签函数来提高中心定位的准确度;在具有尺度变化的公开数据集上通过定性和定量的实验对所提算法及其可扩展性进行了验证。

2.2 相关滤波目标跟踪

2.2.1 相关与匹配

两个离散函数 $f_1(m,n)$ 和 $f_2(m,n)$,定义域 $m\in[0,M-1]$,$n\in[0,N-1]$,对其进行周期延拓

$$\tilde{f}_i(m,n)=\begin{cases}f_i(m,n),m\in[0,M-1]且 n\in[0,N-1]\\f_i(m\backslash M,n\backslash N),其他\end{cases},i=1,2 \qquad (2.1)$$

其中,"\"表示取余操作。

函数 $f_1(m,n)$ 和 $f_2(m,n)$ 的相关定义为:

$$g(m,n)=f_1\circ f_2=\frac{1}{MN}\sum_{i=0}^{M-1}\sum_{j=0}^{N-1}\tilde{f}_1^*(i,j)\tilde{f}_2(m+i,n+j) \qquad (2.2)$$

式中,$*$ 表示复共轭。当 f_1 和 f_2 表示两幅灰度图像(实函数)时,$f_1^*=f_1$。设 $\boldsymbol{A}$ 和 $\boldsymbol{B}$ 分别表示 $f_1(m,n)$ 和 $f_2(m,n)$ 两幅图像的灰度值矩阵,则

$$\|\boldsymbol{A}-\boldsymbol{B}\|^2=\sum_{i=0}^{M-1}\sum_{j=0}^{N-1}|f_1(i,j)-f_2(i,j)|^2 \qquad (2.3)$$

其中, $\|\cdot\|$ 表示的 Euclidean 范数,两幅图像相似度越高则 $\|\boldsymbol{A}-\boldsymbol{B}\|^2$ 越小。当且仅当 $\forall m \in [0, M-1]$ 且 $\forall n \in [0, N-1]$,满足 $f_1(m,n) = f_2(m,n)$ 时

$$\|\boldsymbol{A}-\boldsymbol{B}\|^2 = 0 \tag{2.4}$$

此时两幅图像相等。

式(2.3)展开

$$\|\boldsymbol{A}-\boldsymbol{B}\|^2 = \|\boldsymbol{A}\|^2 + \|\boldsymbol{B}\|^2 - 2\sum_{i=0}^{M-1}\sum_{j=0}^{N-1} f_1(i,j) \cdot f_2(i,j) \tag{2.5}$$

记灰度图像内积

$$\langle \boldsymbol{A}, \boldsymbol{B} \rangle = \sum_{i=0}^{M-1}\sum_{j=0}^{N-1} f_1(i,j) \cdot f_2(i,j) \tag{2.6}$$

记图像灰度矩阵 $\boldsymbol{A}$ 和 $\boldsymbol{B}$ 的相关

$$g_{\boldsymbol{AB}}(m,n) = \boldsymbol{A} \circ \boldsymbol{B} = \frac{1}{MN}\sum_{i=0}^{M-1}\sum_{j=0}^{N-1} \tilde{f}_1(i,j)\tilde{f}_2(m+i, n+j) \tag{2.7}$$

则

$$g_{\boldsymbol{AB}}(m,n) = \frac{1}{MN}\langle \boldsymbol{A}, \boldsymbol{P}^{-m}\boldsymbol{B}\boldsymbol{Q}^{-n}\rangle \tag{2.8}$$

其中, $\boldsymbol{P} = \begin{bmatrix} 0 & 0 & \cdots & 0 & 1 \\ 1 & 0 & \cdots & 0 & 0 \\ 0 & 1 & \ddots & 0 & 0 \\ \vdots & \vdots & \ddots & \ddots & \vdots \\ 0 & 0 & \cdots & 1 & 0 \end{bmatrix}_{M \times M}$, $\boldsymbol{Q} = \begin{bmatrix} 0 & 1 & 0 & \cdots & 0 \\ 0 & 0 & 1 & \cdots & 0 \\ \vdots & \vdots & \ddots & \ddots & \vdots \\ 0 & 0 & 0 & \ddots & 1 \\ 1 & 0 & 0 & \cdots & 0 \end{bmatrix}_{N \times N}$, $\boldsymbol{P}^{-1} = \boldsymbol{P}^{\mathrm{T}}$,

$\boldsymbol{Q}^{-1} = \boldsymbol{Q}^{\mathrm{T}}$ 。

记 $\boldsymbol{P}^0 = \boldsymbol{I}_{M \times M}, \boldsymbol{Q}^0 = \boldsymbol{I}_{N \times N}$,"$\boldsymbol{I}$"表示单位阵,则

$$g_{\boldsymbol{AB}}(0,0) = \frac{1}{MN}\langle \boldsymbol{A}, \boldsymbol{B}\rangle \tag{2.9}$$

在进行目标跟踪时,假设 $\boldsymbol{A}$ 是包含目标或物体的一幅灰度图像, $\boldsymbol{B}$ 是下一帧中目标可能出现区域的图像,目标跟踪就是要找到感兴趣的目标在 $\boldsymbol{B}$ 中位置或区域。

令

$$y_{\boldsymbol{AB}}(m,n) = \|\boldsymbol{A} - \boldsymbol{P}^{-m}\boldsymbol{B}\boldsymbol{Q}^{-n}\|^2 \tag{2.10}$$

则

$$y_{\boldsymbol{AB}}(m,n) = \|\boldsymbol{A}\|^2 + \|\boldsymbol{B}\|^2 - 2MN g_{\boldsymbol{AB}}(m,n) \tag{2.11}$$

对于给定的图像 A 和 B,式(2.11)中 $\parallel A \parallel^2$ 和 $\parallel B \parallel^2$ 均为固定值,故

$$\min(y_{AB}) = \max(g_{AB}) = \max(A \circ B) \tag{2.12}$$

因此,在目标匹配跟踪中,将 A 作为图像模板,计算 A 和 B 的相关,如果匹配,则相关值就会在响应的匹配位置达到最大,此位置即为目标的更新位置。

根据卷积理论,可以将空间域的相关 $f_1(m,n) \circ f_2(m,n)$ 变换到频域进行计算来提高运算效率。空间域的相关 $f_1(m,n) \circ f_2(m,n)$ 和频域的乘积 $F_1^*(u,v) \odot F_2(u,v)$ 组成了一个傅里叶变换对,则有:

$$F[f_1(m,n) \circ f_2(m,n)] = F_1^*(u,v) \odot F_2(u,v) \tag{2.13}$$

其中,"F"表示傅里叶变换;"$\odot$"表示矩阵对应元素乘积。

2.2.2　相关滤波器

相关滤波是图像匹配和目标检测的经典方法[108],Bolme 等[106]通过最小化输出误差平方和(Minimum Output Sum of Squared Error,MOSSE)设计了 MOSSE 滤波器,首次将相关滤波用于视频目标跟踪。

MOSSE 跟踪算法利用了图像相关的性质,首先利用已知的目标样本 x_i(如第一帧图像中目标的标注区域)和对应的期望输出 y_i(亦可称 y_i 为样本 x_i 的标签)来学习一个目标模板 w,即滤波器。MOSSE 算法通过最小化滤波器和目标样本 x_i 相关输出和期望输出之间的误差平方和来训练相关滤波器,这一最小化问题可以表示成如下形式:

$$w = \underset{w}{\arg\min} \sum_i \parallel w \circ x_i - y_i \parallel^2 \tag{2.14}$$

式(2.14)优化函数是一个实值、非负的凸函数,因此只有一个最优解,但是由于涉及相关运算,直接求解比较复杂。假设式(2.14)中 x_i,y_i 和 w 的区域大小均为 $M \times N$,根据帕斯维尔(Parseval)定理,上述优化问题可以转化为:

$$W = \underset{W}{\arg\min} \frac{1}{MN} \sum_i \parallel W^* \odot X_i - Y_i \parallel^2 \tag{2.15}$$

由于 M、N 为常数,可以省略,因此式(2.15)可以改写为:

$$W = \underset{W}{\arg\min} \sum_i \parallel W^* \odot X_i - Y_i \parallel^2 \tag{2.16}$$

其中,$W = F(w)$,$X = F(x)$,$Y = F(y)$。

变换到频域后均为乘积运算,因此可以将 W^* 的每个元素 W_{uv}^* 看成独立的变量求解[128],其中,u 和 v 为元素索引。令其偏导数为零,对每个元素 W_{uv}^* 单独求解(详细求解过程请参见附录 A),即

$$0 = \frac{\partial}{\partial \boldsymbol{W}_{uv}^*} \sum_i \| \boldsymbol{W}_{uv}^* \boldsymbol{X}_{iuv} - \boldsymbol{Y}_{iuv} \|^2 \tag{2.17}$$

对上式进行求解可得：

$$\boldsymbol{W}_{uv} = \frac{\sum_i \boldsymbol{X}_{iuv} \boldsymbol{Y}_{iuv}^*}{\sum_i \boldsymbol{X}_{iuv} \boldsymbol{X}_{iuv}^*} \tag{2.18}$$

写成矩阵形式：

$$\boldsymbol{W}^* = \frac{\sum_i \boldsymbol{X}_i^* \odot \boldsymbol{Y}_i}{\sum_i \boldsymbol{X}_i \odot \boldsymbol{X}_i^*} \tag{2.19}$$

跟踪的过程就是在下一帧中以 $M \times N$ 的窗口来搜索一个图像块 z，计算响应值

$$\hat{\boldsymbol{y}} = F^{-1}(\boldsymbol{W}^* \odot \boldsymbol{Z}) \tag{2.20}$$

其中，$\boldsymbol{Z} = F(z)$，计算所得响应值最大的位置即为目标在该帧的位置。

在目标跟踪过程中，随着目标尺度、形状、姿态以及所处光照环境的变化，目标的外观也会跟着发生改变，为了能够适应目标外观的变化，视频目标跟踪算法需要设计一个模型更新机制，在跟踪的过程中不断地对滤波器进行在线更新，以实现更加鲁棒的目标跟踪。MOSSE 算法采用线性加权策略对滤波器进行在线更新。

假设第 $t-1$ 帧中的目标跟踪结束后，滤波器记为：

$$\boldsymbol{W}_{t-1}^* = \frac{\boldsymbol{A}_{t-1}}{\boldsymbol{B}_{t-1}} \tag{2.21}$$

在完成第 t 帧中的目标跟踪后，以该帧中目标位置为中心选取大小为 $M \times N$ 的图像块 z_t 来更新滤波器，有：

$$\boldsymbol{W}_t^* = \frac{\boldsymbol{A}_t}{\boldsymbol{B}_t} \tag{2.22}$$

其中，

$$\begin{cases} \boldsymbol{A}_t = \eta \boldsymbol{Y}_t \odot \boldsymbol{X}_t^* + (1-\eta) \boldsymbol{A}_{t-1} \\ \boldsymbol{B}_t = \eta \boldsymbol{X}_t \odot \boldsymbol{X}_t^* + (1-\eta) \boldsymbol{B}_{t-1} \end{cases} \tag{2.23}$$

基于 MOSSE 滤波器的视频目标跟踪算法在跟踪的过程中通过引入快速傅里叶变换（Fast Fourier Transform，FFT）将两个图像块的空间卷积操作变换成频域中的点积，大大降低了跟踪算法的时间复杂度。但是 MOSSE 算法所获得的最小二乘解适用于线性系统，对于非线性问题或者对于不适定问题，最小二乘解的泛化能力较差，同时 MOSSE 算法只用了图像的灰度信息，因此对目标的描述能力较弱。Danelljan 等[118]将

图像 x 看成图像特征向量，将 MOSSE 滤波器系数作为一个线性分类器 $f(x)=\langle w,x\rangle$，同时引入核函数 $\varphi(\cdot)$ 将训练样本向量 x 映射到一个高维的线性特征空间，在高维空间构造线性分类器 $f(x)=\langle w,x\rangle$，提出了自适应颜色属性的实时目标跟踪算法（CN），达到了较好的跟踪效果。

2.3 尺度自适应目标跟踪

本节在 CN 算法的基础上提出了基于分块的尺度自适应目标跟踪方法（Patch-based Scale Adaptive Tracker，PSAT），PSAT 包括目标定位和尺度计算两个步骤，如图 2.2 所示。首先利用相关滤波跟踪算法获得目标的中心位置，然后将目标均分为四个子块，在子块上设计相关滤波器，通过计算找出子块中心的最大响应位置，最后根据前后两帧目标子块中心位置的相对变化计算出尺度的伸缩系数，进而计算出目标尺度。

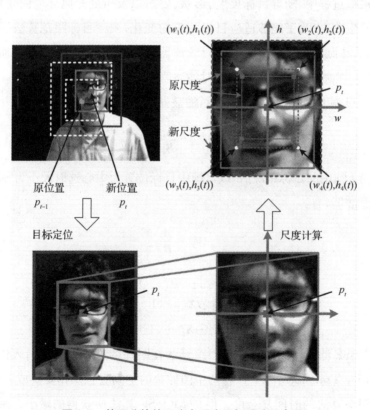

图 2.2　基于分块的尺度自适应目标跟踪示意图

2.3.1 目标定位

首先利用 CN 跟踪算法设计相关滤波器，假设当前帧为第 t 帧，以目标为中心，选取目标及其周围一定范围内的矩形区域图像块 z^j，$j \in [1, t]$，来训练线性分类器，假设选取图像区域大小为 $M \times N$，其中，$M \times N = \rho w \times \rho h$，$w$ 和 h 分别为目标的宽和高，ρ 为扩展系数，将 z^j 的所有循环移位图像块 $z_{m,n}^j$，$(m, n) \in \{0, \cdots, M-1\} \times \{0, \cdots, N-1\}$，看作训练样本，提取对应的特征图向量用 $x_{m,n}^j$ 表示，对应的标签数据 $y^j(m, n)$ 用一个高斯函数来描述。利用核函数 $\varphi(\cdot)$ 将训练样本向量 $x_{m,n}^j$ 映射到一个高维的线性特征空间，在高维空间构造线性分类器 $f(x) = \langle w, \varphi(x) \rangle$，在最小二乘损失条件下，利用 β_j 对每一帧的损失通过线性加权构建总损失：

$$\varepsilon = \sum_{j=1}^{t} \beta_j \left(\sum_{m,n} \| \langle \varphi(x_{m,n}^j), w^j \rangle - y^j(m, n) \|^2 + \lambda \| w^j \|^2 \right) \tag{2.24}$$

即

$$w = \arg\min_w \sum_{j=1}^{t} \beta_j \left(\sum_{m,n} \| \langle \varphi(x_{m,n}^j), w^j \rangle - y^j(m, n) \|^2 + \lambda \| w^j \|^2 \right) \tag{2.25}$$

其中，$\lambda \geq 0$，为正则化参数；核内积空间 κ 满足

$$k_x^j(m, n) = \kappa(x_{m,n}^j, x^j) = \langle \varphi(x_{m,n}^j), \varphi(x^j) \rangle \tag{2.26}$$

式(2.25)是一个典型的 L_2 正则化的问题，根据表示定理(Representer Theorem)[129]，该问题一定有一个最优的 w 可以表示成 $\varphi(x_{m,n}^j)$ 的线性组合：

$$w^j = \sum_{k,l} \alpha(k, l) \varphi(x_{k,l}^j) \tag{2.27}$$

将式(2.27)代入式(2.25)可解得系数 α（详细求解过程请参见附录 B）：

$$F(\alpha) = A^t = \frac{\sum_{j=1}^{t} \beta_j Y^j \odot K_x^j}{\sum_{j=1}^{t} \beta_j K_x^j \odot (K_x^j + \lambda)} \tag{2.28}$$

其中，$Y = F(y)$，$K_x^j = F(k_x^j)$；为了表示不同帧的系数，将当前帧系数 A 标记为 A^t，并将 A^t 的分子与分母分别标记为 A_N^t、A_D^t，即 $A^t = A_N^t / A_D^t$。在模型更新的过程中对 A_N^t 和 A_D^t 分别进行更正以达到间接更新 w 的目的。模型更新如式(2.29)

$$\begin{cases} \hat{A}_N^t = (1-\eta) A_N^{t-1} + \eta Y^t \odot K_x^t \\ \hat{A}_D^t = (1-\eta) A_D^{t-1} + \eta K^t \odot (K_x^t + \lambda) \\ \hat{x}^t = (1-\eta) \hat{x}^{t-1} + \eta x^t \end{cases} \tag{2.29}$$

其中, $\hat{\boldsymbol{A}}_N^t$ 和 $\hat{\boldsymbol{A}}_D^t$ 表示学习得到的目标外观模型系数; $\hat{\boldsymbol{x}}^t$ 表示学习得到的目标外观模板。

跟踪的过程就是在下一帧 $(t+1)$ 中以 $M \times N$ 的窗口来搜索一个图像块 $\boldsymbol{z}$,计算响应值

$$\hat{\boldsymbol{y}}^{t+1} = F^{-1}\left(\frac{\hat{\boldsymbol{A}}_N^t}{\hat{\boldsymbol{A}}_D^t} \odot \boldsymbol{K}_z\right) \tag{2.30}$$

其中, $\boldsymbol{K}_z = F(\boldsymbol{k}_z)$, $k_z(m,n) = \kappa(\boldsymbol{z}_{m,n}, \hat{\boldsymbol{x}}^t)$ 。计算所得响应最大值 $\max(\hat{\boldsymbol{y}}^{t+1})$ 所在的位置即为目标的位置。第 t 帧目标定位示意图如图 2.3 所示。

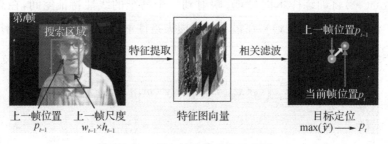

图 2.3 第 t 帧目标定位示意图

CN 算法将颜色属性信息[119]应用到对目标外观的描述中,并利用主成分分析 PCA[120]对颜色空间进行维数约简,选取目标主颜色。颜色属性是文献[119]利用大量的图片训练得到了一个转换矩阵,可以将颜色空间的红(R)、绿(G)、蓝(B)三通道的颜色信息映射到 11 维的语义颜色空间:黑色(Black)、蓝色(Blue)、棕色(Brown)、灰色(Grey)、绿色(Green)、橙色(Orange)、品红(Pink)、紫色(Purple)、红色(Red)、白色(White)和黄色(Yellow),每一维度上的数值代表对应颜色名称的颜色分量的大小。

2.3.2 基于分块的尺度系数计算

假设第 $t-1$ 帧(第一帧由人工指定)中目标中心位置为 p_{t-1} ,目标尺度为 $w_{t-1} \times h_{t-1}$ 。第 $t-1$ 帧跟踪结束后,以 p_{t-1} 为原点构建坐标系,如图 2.4 所示。两坐标轴将 $w_{t-1} \times h_{t-1}$ 的图像均分成四个子块,对应每一个子块的块中心分别为 $(w_1(t-1), h_1(t-1))$ 、 $(w_2(t-1), h_2(t-1))$ 、 $(w_3(t-1), h_3(t-1))$ 、 $(w_4(t-1), h_4(t-1))$,在四个子块上分别训练相关滤波器。为了方便计算和比较,本节将 $\rho w_{t-1} \times \rho h_{t-1}$ 的目标图像均放缩到 $W \times H$ 的固定大小。则第 $t-1$ 帧的四个子块中心在坐标系中的位置满足

$$\begin{cases} w_1(t-1)=w_3(t-1)=-\dfrac{W}{4\rho} \\[2mm] w_2(t-1)=w_4(t-1)=\dfrac{W}{4\rho} \\[2mm] h_1(t-1)=h_2(t-1)=\dfrac{H}{4\rho} \\[2mm] h_3(t-1)=h_4(t-1)=-\dfrac{H}{4\rho} \end{cases} \tag{2.31}$$

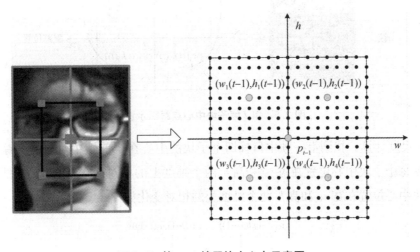

图 2.4　第 $t-1$ 帧子块中心点示意图

分类器的训练同式(2.25),模板和系数的更新同式(2.29);同时也引入颜色属性信息对目标外观进行描述,并利用主成分分析 PCA 对颜色空间进行维数约简,选取目标主颜色。

(1) 子块跟踪。在第 t 帧中首先以 p_{t-1} 为中心,选取大小为 $\rho w_{t-1} \times \rho h_{t-1}$ 的图像块 z_{t0},利用式(2.30)计算当前帧(第 t 帧)不同位置滤波器的响应值,找到目标在当前帧响应值最大的位置 p_t,即为当前帧目标中心所在位置。找到 p_t 后,首先以 p_t 为中心,利用上一帧的尺度信息选取大小为 $w_{t-1} \times h_{t-1}$ 的图像块 z_{t1} 作为当前帧中的目标区域,然后再以 p_t 为原点,构建坐标系,两坐标轴将 $w_{t-1} \times h_{t-1}$ 的图像均分成四个子块。分别利用在四个子块上训练好的相关滤波器计算每个子块上相关滤波器的响应图,找出子块上响应值最大的位置 $(w_1(t),h_1(t))$、$(w_2(t),h_2(t))$、$(w_3(t),h_3(t))$、$(w_4(t),h_4(t))$,即上一帧中目标四个子块的中心在当前帧所对应的位置。子块中心点跟踪示意图如图 2.5 所示。

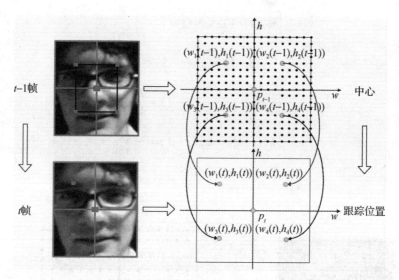

图 2.5 第 *t* 帧子块中心点跟踪示意图

（2）尺度计算。找到上一帧中目标四个子块的中心在当前帧中对应的跟踪位置后，可以根据每个子块中心位置在宽 w 和高 h 两个维度上的相对变化计算出子块尺度的系数。子块中心位置在宽 w 和高 h 两个维度上的相对变化如图 2.6 所示。

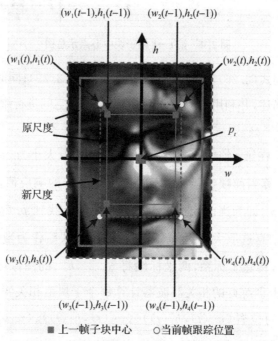

■ 上一帧子块中心　○当前帧跟踪位置

图 2.6 第 *t* 帧子块中心点相对变化示意图

记第 t 帧第 $i(i=1,2,3,4)$ 个子块在宽 w 维度上的尺度系数为 $\gamma_{t,i}^w$,在高 h 维度上的尺度系数为 $\gamma_{t,i}^h$,则

$$\begin{cases} \gamma_{t,i}^w = \dfrac{|w_i(t)|}{|w_i(t-1)|} \\[2mm] \gamma_{t,i}^h = \dfrac{|h_i(t)|}{|h_i(t-1)|} \end{cases}, \quad (i=1,2,3,4) \tag{2.32}$$

对四个子块加权平均可得第 t 帧目标在宽 w 维度上的尺度系数 γ_t^w、在高 h 维度上的尺度系数 γ_t^h 分别为:

$$\begin{cases} \gamma_t^w = \displaystyle\sum_{i=1}^4 \gamma_{t,i}^w \\[3mm] \gamma_t^h = \displaystyle\sum_{i=1}^4 \gamma_{t,i}^h \end{cases} \tag{2.33}$$

实际视频目标跟踪过程中,由于外界条件(如:光照变化、部分遮挡等)以及目标自身(如:姿态变化、形状变化等)的变化会引起目标外观的不断变化,子块的外观也会跟着发生相应的变化。比如目标发生了部分遮挡,则对应的发生遮挡的子块所计算出的尺度系数就会严重偏离真实值,这将严重影响目标尺度计算的鲁棒性,进而影响整个跟踪算法的性能。为了减小噪声等对尺度计算的影响,提高尺度计算的鲁棒性,本节在式(2.32)和式(2.33)的基础上将尺度系数 γ_t 计算公式定义为:

$$\gamma_t = \sqrt{\left(\frac{\displaystyle\sum_{j=1}^4 \delta_j |w_j(t)|}{\displaystyle\sum_{i=1}^4 \delta_i |w_i(t-1)|}\right) \cdot \left(\frac{\displaystyle\sum_{j=1}^4 \delta_j |h_j(t)|}{\displaystyle\sum_{i=1}^4 \delta_i |h_i(t-1)|}\right)} \tag{2.34}$$

$$\delta_i = \begin{cases} 1, \begin{cases} \tau_1 < |w_i(t)| < \tau_2 \\ \tau_3 < |h_i(t)| < \tau_4 \\ ||w_i(t)| - |h_i(t)|| < \tau_5 \end{cases} \\ 0, \text{其他} \end{cases}, \quad (i=1,2,3,4) \tag{2.35}$$

其中,δ_i 为子块权重系数,可以通过 δ_i 剔除匹配异常的子块中心点,进而可以减小由于部分子块跟踪异常对尺度计算的影响;$\tau_1 \sim \tau_5$ 为经验阈值参数,用来控制尺度在两个维度上的变化范围。

最后计算出第 t 帧目标尺度为:

$$\begin{cases} w_t = \gamma_t w_{t-1} = w_1 \displaystyle\prod_{i=2}^t \gamma_i \\[3mm] h_t = \gamma_t h_{t-1} = h_1 \displaystyle\prod_{i=2}^t \gamma_i \end{cases} \tag{2.36}$$

其中，w_1 和 h_1 为初始帧目标尺度。

计算出第 t 帧中目标尺度后再以 p_t 为中心，选取大小为 $\rho w_t \times \rho h_t$ 的图像块 z_t，更新目标外观模板 $\hat{x}^t$ 和目标外观模型系数 $\hat{A}_N$ 和 $\hat{A}_D$；同时将 $w_t \times h_t$ 的目标区域均分成四个子块，更新子块中心、子块模板和子块上分类器的系数。

2.3.3 标签函数选择

传统的相关滤波算法[106,118]中，标签函数 $y(m,n)$ 是一个 L_2 类型的高斯函数，

$$y(m,n) = \exp\left(-\frac{|p-p_0|^2}{2\sigma^2}\right) \tag{2.37}$$

其中，σ 为常数；$p=(m,n)$；$p_0=(m_0,n_0)$ 为目标中心位置；$|p-p_0|$ 表示二者之间的欧氏距离，$|p-p_0|=\sqrt{(m-m_0)^2+(n-n_0)^2}$。

由于高斯函数在 $p_0=(m_0,n_0)$ 处的偏导均为零，即

$$\begin{cases} y|_{p=p_0}=\max(y)=1 \\ \dfrac{\partial y}{\partial m}\Big|_{p=p_0}=\dfrac{\partial y}{\partial n}\Big|_{p=p_0}=0 \end{cases} \tag{2.38}$$

式(2.38)说明高斯类型的标签函数 $y(m,n)$ 在 $p_0=(m_0,n_0)$ 附近函数值的偏差很小，而跟踪过程中的目标位置是由最大的响应位置所确定，因此中心函数值的偏差小会带来定位模糊问题，尤其是在尺度计算过程中对目标中心定位时，定位模糊会直接影响尺度的计算精度，本章的实验环节也验证了该问题的存在。为了解决定位模糊的问题，提高目标定位的准确度和尺度计算的精度，本节引入了如下 L_1 类型的标签函数：

$$\tilde{y}(m,n)=\exp\left(-\frac{|p-p_0|}{2\theta}\right) \tag{2.39}$$

其中，$\theta>0$ 为常数，式(2.39)所示函数的偏导为：

$$\begin{cases} \dfrac{\partial \tilde{y}}{\partial m}=-\dfrac{m-m_0}{2\theta|p-p_0|}\exp\left(-\dfrac{|p-p_0|}{2\theta}\right) \\ \dfrac{\partial \tilde{y}}{\partial n}=-\dfrac{n-n_0}{2\theta|p-p_0|}\exp\left(-\dfrac{|p-p_0|}{2\theta}\right) \end{cases} \tag{2.40}$$

特别地，在 $p_0=(m_0,n_0)$ 处的偏导为：

$$\begin{cases} \tilde{y}|_{p=p_0}=\max(\tilde{y})=1 \\ \dfrac{\partial \tilde{y}}{\partial m}\Big|_{\substack{m=m_0^+\\n=n_0}}=-\dfrac{1}{2\theta}, \quad \dfrac{\partial \tilde{y}}{\partial m}\Big|_{\substack{m=m_0^-\\n=n_0}}=\dfrac{1}{2\theta} \\ \dfrac{\partial \tilde{y}}{\partial n}\Big|_{\substack{n=n_0^+\\m=m_0}}=-\dfrac{1}{2\theta}, \quad \dfrac{\partial \tilde{y}}{\partial n}\Big|_{\substack{n=n_0^-\\m=m_0}}=\dfrac{1}{2\theta} \end{cases} \tag{2.41}$$

其中,$m=m_0^+$,$n=n_0^+$ 表示右偏导,$m=m_0^-$,$n=n_0^-$ 表示左偏导。

由式(2.41)得标签函数在 $p_0=(m_0,n_0)$ 处左、右偏导不相等,因此在 $p_0=(m_0,n_0)$ 处偏导不存在,但是二者左、右偏导均存在且为常数,意味着标签函数在 $p_0=(m_0,n_0)$ 附近函数值的偏差较大,这在跟踪过程中有利于目标中心的准确定位。如图 2.7 所示,高斯类型的标签函数定位区域较大、定位比较模糊,而本节提出的 L_1 类型的标签函数则提供了更加精确的目标定位,定位比较准确。

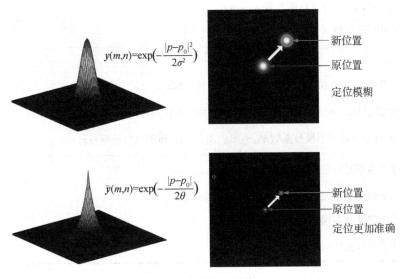

图 2.7　定位模糊示意图

2.3.4　算法流程

表 2-1 给出了本章提出的尺度自适应目标跟踪算法的基本流程。

表 2-1　基于分块的尺度自适应目标跟踪算法基本流程

算法名称:尺度自适应目标跟踪算法
输入:当前帧图像z_t;上一帧位置 p_{t-1};上一帧目标尺度 $w_{t-1} \times h_{t-1}$;
滤波器模型系数A_N^{t-1} 和A_D^{t-1};目标模板$\hat{x}^{t-1}$;
子块滤波器模型系数$A_{N1}^{t-1}\sim A_{N4}^{t-1}$ 和$A_{D1}^{t-1}\sim A_{D4}^{t-1}$;子块目标模板$\hat{x}_1^{t-1}\sim \hat{x}_4^{t-1}$。
目标定位:
（1）在图像z_t 的 p_{t-1} 位置提取大小为 $\rho w_{t-1}\times \rho h_{t-1}$ 的图像块 z_{t0};
（2）利用式(2.30)计算当前帧中不同位置滤波器的响应值$\hat{y}$;
（3）找到响应值最大的位置 p_t 即为当前帧目标中心所在位置;

算法名称:尺度自适应目标跟踪算法
尺度计算: (4) 在图像z_{t0}的 p_t 位置提取大小为$w_{t-1} \times h_{t-1}$的图像块 z_{t1}; (5) 利用式(2.30)计算当前帧中四个子块不同位置滤波器的响应值$\hat{y}_1 \sim \hat{y}_4$; (6) 找到响应值最大的位置即为四个子块中心在当前帧所对应的位置; (7) 利用式(2.35)计算权重系数 $\delta_1 \sim \delta_4$; (8) 计算尺度系数 γ_t 和当前帧目标尺度$w_t \times h_t$;
模型参数更新: (9) 在图像z_{t1}的 p_t 位置提取大小为$w_t \times h_t$的图像z^t; (10) 更新目标定位滤波器模型系数A'_N、A'_D 和目标模板$\hat{x}^t$; (11) 更新子块滤波器模型系数$A'_{N1} \sim A'_{N4}$、$A'_{D1} \sim A'_{D4}$和子块目标模板$\hat{x}_1 \sim \hat{x}_4$。
输出:当前帧图像中目标位置 p_t;当前帧目标尺度$w_t \times h_t$; 更新的滤波器模型系数A'_N 和A'_D;更新的目标模板$\hat{x}^t$; 更新的子块滤波器模型系数$A'_{N1} \sim A'_{N4}$和$A'_{D1} \sim A'_{D4}$; 更新的子块目标模板$\hat{x}_1 \sim \hat{x}_4$。

从表 2-1 可以看出本节所提算法需要训练五个相关滤波器,并需要在跟踪过程中对五个相关滤波器进行在线更新,因此算法的计算量要比原始的传统相关滤波跟踪算法大。由于目标定位和尺度计算中相关滤波器的训练和目标的检测都是通过快速傅里叶变换(FFT)来实现,所以学习和检测的速度都比较快,能满足实时性的要求。本节所提算法提供了计算出尺度系数 γ_t 的一种方法,而且分块的思想也可以克服对遮挡敏感的问题,因此该方法的泛化能力较强。

2.4 视频目标跟踪实验

为了评估所提出的尺度自适应目标跟踪算法的有效性,在公开的视频数据集[5]上,选择 21 段具有尺度变化的彩色视频对算法进行测试,并与多种跟踪方法进行对比分析。

2.4.1 参数设定

在普通 PC 机（Windows 7 系统，Inter i5-4690CPU，3.5GHz，16GB 内存）上基于 Matlab 实现本章算法。对于每一帧，在选取图像块 z 时扩展系数 $\rho=2$，图像块 z 均放缩到固定大小，$W \times H$ 设置为 128×128，则放缩后目标为图像块中间大小为 64×64 的区域，目标被均分为四个子块，每个子块大小分别为 32×32；利用 PCA 对特征进行维数约简时选取主颜色的维数 $D_2=3$；分类器的训练过程中：正则化参数 $\lambda=10^{-2}$，核函数选择高斯核 $\kappa(x,x')=\exp\left(-\frac{|x-x'|^2}{0.2^2}\right)$；模板更新过程中学习率 $\eta=0.075$；对于目标图像标签函数参数 $\theta=0.56$，对于子块图像标签函数参数 $\theta'=0.6$，标签函数参数是通过大量的实验获得的；经验参数 $\tau_1 \sim \tau_5$ 是为了控制前后两帧所跟踪目标的尺度系数处在一个合理的范围之内，根据大量的测试，本节选择尺度系数的变化范围为 $\pm 15\%$，即 $\gamma_t \in [0.85, 1.15]$，则 $\tau_1 \sim \tau_5$ 通过式(2.42)计算得到。

$$\begin{cases} \tau_1=\left\lfloor 0.85 \cdot \dfrac{W}{4\rho} \right\rfloor, \ \tau_2=\left\lceil 1.15 \cdot \dfrac{W}{4\rho} \right\rceil \\[2mm] \tau_3=\left\lfloor 0.85 \cdot \dfrac{H}{4\rho} \right\rfloor, \ \tau_4=\left\lceil 1.15 \cdot \dfrac{H}{4\rho} \right\rceil \\[2mm] \tau_5=\left\lceil 0.1 * \dfrac{\sqrt{WH}}{4\rho} \right\rceil \end{cases} \tag{2.42}$$

其中，$\lfloor \cdot \rfloor$ 表示向负无穷取整运算，$\lceil \cdot \rceil$ 表示向正无穷取整运算。特别地，当 $W=H=128$ 时，计算可得：$\tau_1=\tau_3=13$、$\tau_2=\tau_4=19$、$\tau_5=2$。

选择公开的视频数据集[5]上所有的带尺度变化的彩色视频（共计 21 段，13 131 帧）进行实验，选择 21 段视频跟踪结果的平均中心位置误差（ACLE）、平均距离精度（ADP）、平均成功率（ASR）作为评价指标，同时为了对比不同跟踪算法的跟踪性能，也选择中心误差曲线、距离精度曲线、重叠率曲线、成功率曲线作为评价指标。

2.4.2 算法效果分析

为了评估 L_1 和 L_2 类型的标签函数以及子块权重系数 $\delta_i (i=1,2,3,4)$ 对尺度自适应目标跟踪算法性能的影响，本节在公开的 21 段具有尺度变化的彩色视频数据集上做了如表 2-2 所示的 5 组实验。其中，ACLE 表示 21 段视频的平均中心位置误差；ADP 表示 21 段视频的平均距离精度；ASR 表示 21 段视频的平均成功率；L_1 类型标签表示在滤波器的训练过程中标签函数选择式(2.39)类型的函数；L_2 类型标签表示在滤波器的训练过程中标签函数选择式(2.37)类型的高斯函数;PSAT 表示本章所提出的尺度自适应目标跟踪方法,而且在滤波器的训练过程选择 L_1 类型标签;$PSAT^{(\#)}$ 表示在滤波器的训练过程选择 L_1 类型标签,但在尺度计算过程中不采用式(2.35)所示子块重系数 δ_i 剔除匹配异常的子块中心点;$PSAT^{(*)}$ 表示在滤波器的训练过程选择 L_2 类型标签,在尺度计算过程中采用式(2.35)所示子块权重系数 δ_i 剔除匹配异常的子块中心点;$PSAT^{(\#*)}$ 表示在滤波器的训练过程选择 L_2 类型标签,而且在尺度计算过程中不采用式(2.35)所示子块权重系数 δ_i 剔除匹配异常的子块中心点;CN 是本节所使用原始基准方法,用于对比。

表 2 - 2　不同标签函数下所提算法与 CN 算法性能对比表

评价指标	L_1类型标签		L_2类型标签		CN
	PSAT	$PSAT^{(\#)}$	$PSAT^{(*)}$	$PSAT^{(\#*)}$	
ACLE/像素	40.8	62.2	55.3	63.9	93.1
ADP/%	73.9	61.4	59.9	59	59.6
ASR/%	65.5	46.9	48.6	46.4	40.8

（1）子块权重系数 δ_i 对算法性能的影响

从表 2 - 2 可以看出,在采用了相同标签函数的情况下,尺度计算过程中采用了子块权重系数 δ_i 剔除匹配异常的子块中心点的算法（PSAT 和 $PSAT^{(*)}$）相对于没有采用子块权重系数 δ_i 剔除匹配异常的子块中心点的算法（$PSAT^{(\#)}$ 和 $PSAT^{(\#*)}$）平均中心位置误差 ACLE 均有所降低,平均距离精度 ADP 和平均成功率 ASR 均有所提高。这些跟踪性能的提高说明子块权重系数 δ_i 可以减小由于部分子块跟踪异常对跟踪性能的影响,有利于目标跟踪算法性能的提高。

（2）不同类型标签函数对算法性能的影响

从表 2 - 2 可以看出,在其他条件相同的条件下,在滤波器的训练过程中采用了 L_1 类型的标签函数所得到的算法（PSAT 和 $PSAT^{(\#)}$）比采用了 L_2 类型的标签函数所得到的算法（$PSAT^{(*)}$ 和 $PSAT^{(\#*)}$）具有更好的跟踪性能。在均引入子块权重系数的算法中,采用了 L_1 类型的标签函数的 PSAT 算法比采用了 L_2 类型的 $PSAT^{(*)}$ 算法性能好;同样,在均未采用子块权重系数的算法中,采用了 L_1 类型的标签函数的 $PSAT^{(\#)}$ 算法也比采用了 L_2 类型的 $PSAT^{(\#*)}$ 算法性能好。这些实验结果说明了利用 L_1 类型的标签函数代替 L_2 类型的标签函数能够提高目标跟踪算法的性能,验证了 2.3.3 节的分析。

（3）与基准算法对比

从表 2 - 2 可以看出,相对于原始 CN 算法,本章的四种方法的平均中心位置误差

ACLE 均有所降低,平均成功率 ASR 均有所提高,平均距离精度 ADP 除了 PSAT[#*]有所降低外其他三种方法均有所提高,其中 PSAT 取得了最好的跟踪性能。相对原始 CN 算法,本章提出的 PSAT 算法的平均中心位置误差 ACLE 降低了 56.2%,平均距离精度 ADP 指标从 59.6%提高到了 73.9%,平均成功率 ASR 指标提高了 60.5%。这说明本章所提出的基于分块的尺度计算方法和标签函数的选择策略可以有效地改善跟踪器的性能。

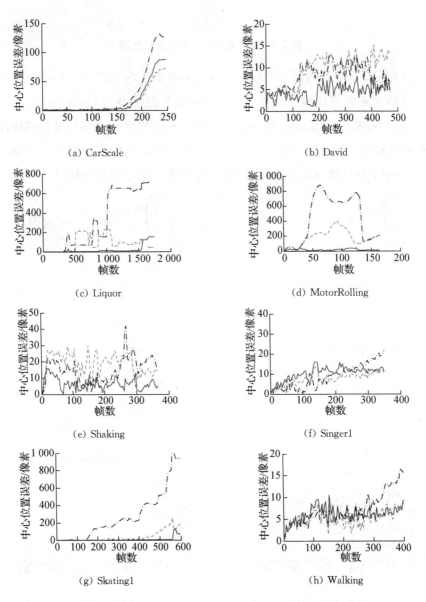

(a) CarScale

(b) David

(c) Liquor

(d) MotorRolling

(e) Shaking

(f) Singer1

(g) Skating1

(h) Walking

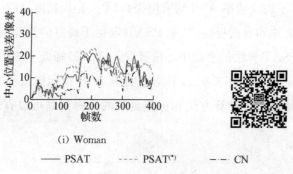

(i) Woman

—— PSAT　　----- PSAT(*)　　—·— CN

图 2.8　不同算法中心误差曲线比较

图 2.8 和图 2.9 分别列出了 PSAT 算法和基准算法在 9 段目标跟踪视频上得到的中心误差曲线和重叠率曲线。(a)～(i)分别对应数据集中的 CarScale、David、Liquor、MotorRolling、Shaking、Singer1、Skating1、Walking 和 Woman 序列,这些视频序列所包含的目标均具有明显的尺度变化。中心误差曲线反映的是中心位置误差在每一帧的变化情况,重叠率曲线反映的是目标跟踪中每一帧重叠率大小的变化情况。

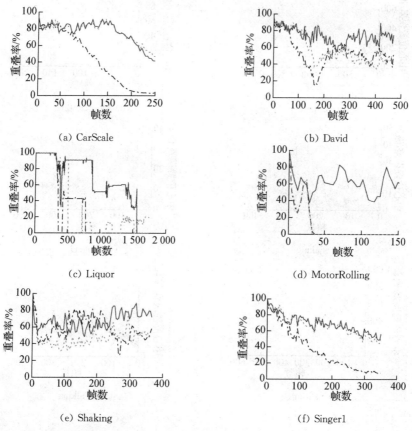

(a) CarScale

(b) David

(c) Liquor

(d) MotorRolling

(e) Shaking

(f) Singer1

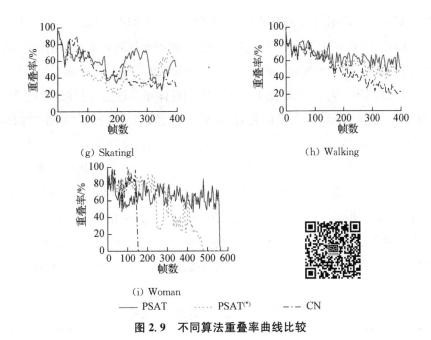

（g）Skatingl   （h）Walking

（i）Woman

—— PSAT   ⋯⋯ PSAT$^{(*)}$ —·— CN

图 2.9 不同算法重叠率曲线比较

图 2.8 中本章提出的两种方法（PSAT 和 PSAT$^{(*)}$）和 CN 算法在 David、Shaking、Singer1、Walking 和 Woman 序列上均获得了较低的中心位置误差，特别是在 David 和 Walking 两段视频序列上，三种方法在每一帧上的中心位置误差均小于 20 像素，中心定位十分准确。在图 2.9 中可以发现基准算法 CN 重叠率曲线变化幅度较大，特别是在 CarScale 和 Singer1 两段视频序列上 CN 算法的重叠率呈线性显著降低。分析原因是 CarScale 序列中所跟踪的目标实际尺度在整段视频上显著变大，而 Singer1 序列中所跟踪的目标实际尺度在整段视频上显著变小，CN 算法由于在目标跟踪中采用了固定的尺度，因此算法的重叠率呈线性显著降低。相对于 CN 算法，在 CarScale 和 Singer1 两段视频序列上，PSAT 和 PSAT$^{(*)}$ 效果较好。对比图 2.8 和图 2.9 中 David 和 Walking 两段视频序列的跟踪结果发现 CN 算法虽然也获得了很准确的目标中心定位，但是在这两段视频上的重叠率却不高，明显低于 PSAT 方法。除此之外，在其他几段视频上 PSAT 和 PSAT$^{(*)}$ 都获得了较好的跟踪性能，总的来说，本章提出的 PSAT 和 PSAT$^{(*)}$ 算法在这 9 段视频序列上的跟踪效果要优于 CN 算法，验证了所提尺度计算方法的有效性；特别是 PSAT 在多数视频序列上获得了最好的结果，这样说明了采用了 L_1 类型的标签函数有利于跟踪性能的提高。

2.4.3 算法对比分析

为了评估算法的有效性以及对比算法的跟踪性能，本节选取了近年来出现的 10 种跟踪方法 CN[118]、CSK[109]、DSST[117]、KCF[110]、PCOM[88]、Struck[104]、TGPR[130]、TLD[127]、SAMF[121]和STC[111],利用文献作者公布的原始代码和本章提出的PSAT算法在同样的实验条件下作对比实验,分别记录中心位置误差CLE、成功率SR、距离精度DP和每秒处理帧数FPS。表2-3对比了每种方法的整体跟踪性能,跟踪结果用21段视频跟踪结果的平均值来表示,每个指标最好、次好、第三的结果进行了"加粗""斜体加粗""下划线"处理,表格从左到右按照平均距离精度ADP进行降序排列。从表2-3可以看出,相对于其他方法,PSAT算法在ACLE、ASR和ADP三个评价指标上都达到了最好的性能,平均速度FPS排在第五位,特别是同性能较好的SAMF和DSST跟踪方法相比,PSAT算法速度明显高于二者,同排第二位的SAMF方法相比,PSAT算法在提高精度的同时跟踪效率也达到了SAMF的3.5倍。表2-4是PSAT算法和10种跟踪方法在每段视频上距离精度DP的对比,其中本章所提出的PSAT算法达到了较好的平均跟踪性能。

表2-3　PSAT算法与其他算法性能对比

评价指标	PSAT	SAMF	DSST	KCF	TGPR	CN	TLD	Struck	STC	CSK	PCOM
ACLE/像素	**40.8**	<u>45</u>	55.8	54.4	65.7	93.1	***44.5***	65.2	82.4	102	89.8
ASR/%	**65.5**	***63.4***	<u>63</u>	47.9	51.9	40.8	46.2	41.2	32.4	31.5	36.2
ADP/%	**73.9**	***70.7***	<u>70.2</u>	66.1	62	59.6	55.5	54	53.2	48.4	45.3
平均速度/FPS	66	19	44	***266***	0.7	<u>186</u>	16	10	156	***365***	24

表2-4　PSAT算法与其他算法在每段视频上距离精度DP对比表(%)

Sequences	PSAT	SAMF	DSST	KCF	TGPR	CN	TLD	Struck	STC	CSK	PCOM
Boy	100	100	100	100	100	99.83	100	100	76.08	84.39	44.02
CarScale	76.59	84.13	75.79	80.56	74.6	72.22	80.16	64.29	64.68	65.08	64.68
Couple	35	54.29	10.71	25.71	32.14	10.71	60	83.57	8.57	8.57	10.71
Crossing	100	100	100	100	98.33	100	95.83	39.17	52.5	100	100
David	100	100	100	100	99.36	100	98.94	32.27	83.65	51.17	100
Doll	94.68	99.33	99.3	96.62	97.47	97.44	97.62	92.05	76.34	58.32	98.89

续表

Sequences	PSAT	SAMF	DSST	KCF	TGPR	CN	TLD	Struck	STC	CSK	PCOM
Girl	100	100	92.8	86.4	89.6	86.4	95.8	64	58.4	55.4	63.6
Ironman	13.86	16.87	15.06	21.69	12.05	14.46	13.25	7.23	15.06	13.25	4.82
Lemming	28.74	94.99	42.96	48.73	27.17	30.76	68.86	63.7	31.14	43.56	16.92
Liquor	87.42	68.98	40.44	97.65	35.38	20.1	80.87	40.55	28.09	22.29	33.54
Matrix	22	37	18	17	11	1	14	11	10	1	14
MotorRolling	67.07	4.27	4.88	4.88	11.59	4.88	12.2	11.59	7.32	4.27	4.27
Shaking	100	2.74	100	1.92	93.15	69.86	3.84	16.44	98.36	59.45	1.1
Singer1	100	100	100	82.34	21.08	96.58	29.63	66.1	100	74.36	98.01
Skating1	90.75	100	97.5	100	87.5	100	41.5	51	68.75	98.5	13.75
Skiing	13.58	7.41	13.58	7.41	13.58	13.58	13.58	3.7	13.58	9.88	11.11
Soccer	27.81	20.15	68.37	79.08	14.03	96.68	8.16	16.07	13.52	13.52	18.37
Trellis	100	100	100	100	99.3	68.89	38.31	84.71	74.17	82.78	40.6
Walking	100	100	100	100	100	100	100	100	100	100	100
Walking2	100	100	100	43.4	90.4	42.4	81	87.6	76.4	46	100
Woman	93.8	93.8	93.8	93.8	93.63	24.96	32.16	100	61.47	24.96	13.9
平均值	**73.9**	**70.7**	**70.2**	**66.1**	**62**	**59.6**	**55.5**	**54**	**53.2**	**48.4**	**45.3**

此外,分别选择表2-3中平均跟踪性能较好的5种方法 SAMF、DSST、KCF、TGPR 和基准方法 CN,分别在距离精度曲线和成功率曲线上同 PSAT 方法进行对比,如图2.10和图2.11所示。距离精度曲线表示中心误差阈值取不同值时的距离精度,图2.10所示图例中的数值代表每种方法在中心误差阈值取20个像素时的距离精度值,距离精度曲线反映了跟踪算法对目标中心的定位精度;成功率曲线表示重叠率阈值取不同值时的成功率,图2.11所示图例中的数值代表每种方法成功率曲线与坐标轴围成的区域面积(Area Under the Curve,AUC),成功率曲线反映了跟踪算法的重叠精度。从图2.10和图2.11可以看出,PSAT 方法均获得了较好的跟踪性能,验证了所提方法的有效性。

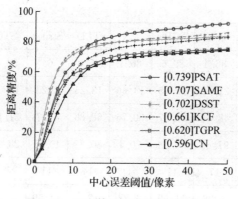

图 2.10 不同算法距离精度曲线比较

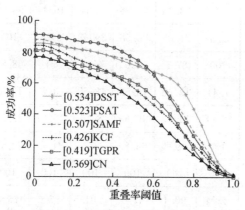

图 2.11 不同算法成功率曲线比较

2.4.4 失败案例分析

PSAT 算法也存在一些不足,从表 2-4 可以看出,对 Couple、Ironman、Lemming、Matrix、Skiing 和 Soccer 序列的跟踪精度较低。其中,Ironman、Matrix 和 Skiing 三段视频序列是由于目标外观发生了特别显著的变化,从而导致许多算法的目标描述模型失效,因此 PSAT 算法和其他 10 种算法均不能准确跟踪目标,对于这三段视频,如何建立鲁棒的目标外观描述模型仍是一个十分困难的问题;Couple 序列是由于相机剧烈抖动导致大部分跟踪算法的运动模型不能很好地描述目标的运动状态,从而导致跟踪失败,对此可以适当扩大目标检测的范围来获得较好的跟踪性能;对于 Lemming 和 Soccer 序列则是由于目标发生了长时间、大范围的遮挡,此时由更新得到的目标外观模板 $\hat{x}$ 和系数 $\hat{A}$ 会逐渐被背景所替代,若干帧以后即使目标再次出现也不能正确跟踪。如图 2.12 所示,由于目标发生了严重遮挡,PSAT 算法发生跟踪漂移丢失目标,而基于检测跟踪的 TLD 算法由于在跟踪过程中加入了重检测因此获得了较准确的跟踪结果,SAMF 算法则是靠降低学习率和扩大检测范围达到了较好的跟踪精度。参考 SAMF 和 TLD 算法,对发生了长时间、大范围遮挡情况的目标跟踪问题,可以考虑适当降低学习率、扩大目标检测范围或者加入遮挡检测机制实现对遮挡的检测与处理,进而改善跟踪性能。

PSAT   SAMF   DSST   TLD

图 2.12 严重遮挡情况下跟踪结果

2.5 可扩展性分析

由于本章提出的基于分块的尺度计算方法具有普适性,因此可以嵌入到其他已知的跟踪算法中计算目标尺度。本节选择表 2-3 中跟踪效率最高的两种经典算法 CSK 和 KCF,将本章所提出的 PSAT 算法嵌入到二者算法框架对目标尺度进行计算,选择数据集和实验环境均和 2.4 节相同,实验对比结果如表 2-5 所示,表 2-5 同样列出了 PSAT 算法用于对比。

表 2-5 经典跟踪算法利用 PSAT 扩展前后对比

评价指标	PSAT	KCF+PSAT	KCF	CSK+PSAT	CSK
ACLE/像素	40.8	50.2	54.4	65	102
ASR/%	65.5	58.2	47.9	42.3	31.5
ADP/%	73.9	68.6	66.1	55.7	48.4
平均速度/FPS	66	58	266	129	365

从表 2-5 可以看出,由于原始 KCF 和 CSK 算法在跟踪的过程中没有对目标尺度进行计算,因此对于尺度前后变化较大的目标算法的精度较低。在加入本章所提出的 PSAT 算法后(对应表 2-5 第三列和第五列),虽然牺牲了原始算法的高效率,但均能满足实时性要求,跟踪的精度均有所提高,尤其是平均成功率,在融合了 PSAT 算法后均提

高超过 10％。这不仅验证了 PSAT 算法对目标跟踪中尺度计算的有效性，而且说明了 PSAT 算法具有一般性和通用性。

2.6 本章小结

本章在相关滤波框架下研究了视频目标跟踪中目标尺度的实时估计方法，提出了一种基于分块的尺度自适应目标跟踪方法，通过分块跟踪成功将尺度的计算问题转化为对子块中心的定位；同时对相关滤波训练过程中所使用的样本标签函数进行研究，引入了中心函数值偏差较大的标签函数来提高中心定位的准确度。在具有尺度变化的公开数据集上通过定性和定量的实验对所提方法进行验证，并和多种跟踪方法作对比，实验结果表明：所提方法平均跟踪性能优于其他方法，实现了实时跟踪。最后对所提算法的可扩展性进行了分析和实验验证，相关实验结果证明了所提算法的普适性。针对实验中发现的所提算法不能有效处理发生长时间、大范围遮挡情况的目标跟踪问题，下一章将着重研究遮挡情况下的目标检测与跟踪方法。

第三章 基于回溯的遮挡检测与目标跟踪方法

3.1 引言

遮挡是视频目标跟踪中最常见的问题之一[5]。当所跟踪的目标被其他目标或背景遮挡时,基于相关滤波的目标跟踪算法[110,118]会使用这些发生遮挡的观测样本进行模型更新,当目标发生长时间、大范围的遮挡时(如图3.1所示),利用这些包含遮挡的样本进行模型更新很容易导致模型的退化,使得模型逐渐被遮挡所替代,进而引起跟踪漂移。基于检测跟踪的算法[127]由于在跟踪过程中加入了重检测,因此获得了对遮挡比较鲁棒的跟踪结果,但是重检测使得算法效率降低,此类方法只是在众多的检测样本中找出和目标最匹配的样本,并没有判断是否目标被遮挡,也没有对遮挡进行减除。在视频目标跟踪中如何对遮挡尤其是大范围的遮挡进行检测,设计一个合理的外观模型更新机制,避免模型在遮挡情况下发生退化仍是视频目标跟踪中的重要问题。

图3.1 严重遮挡示意图

本章主要研究目标跟踪中的遮挡检测方法以及如何实现遮挡情况下的模型自适应更新。首先从记忆机制出发,探索模型更新的仿生学依据,将视频目标跟踪中的目标模板理解为记忆模型中的长期记忆,将模型自适应更新理解为"记忆"的更新,即"记"的过程,受长期记忆需要通过不断"复述"或者理解为"忆"来强化和启发,提出回溯算法来模拟记忆模型"复述"或"忆"的过程;同时为了提高计算效率,在核相关滤波框架下提出了一步回溯遮挡检测算法,通过对比分析目标跟踪的结果和一步回溯结果实现对遮挡的检测,进而可以实现对目标遮挡区域的减除与目标重建,然后提出了模型自适应更新策略来避免由于目标被遮挡而带来的模型退化与跟踪漂移。从记忆机制来看,通过一步回溯对遮挡进行检测,当检测出当前帧所跟踪的目标不再是"记忆"中的目标时,需要阻止短时记忆向长时记忆的传递,进而保持长时记忆的稳定,减少了记忆的退化。最后,在公开的包含严重遮挡目标的数据集上通过定性和定量的实验对所提方法的有效性和一般性进行了验证。

3.2 记忆机制类比模型更新

为了能够适应目标外观的变化,视频目标跟踪算法需要包含一个模型更新机制,在跟踪的过程中不断地对模型进行在线更新。但是直接用新的观测样本来更新模型并不合理,因为新的观测样本可能包含遮挡等异常情况,利用这些包含异常情况的样本进行模型更新很容易导致模型的退化,进而引起跟踪漂移。如果将视频目标跟踪系统看作一个简单的人工智能(Artificial Intelligence, AI)系统,模型更新则相当于对人工智能系统的"记忆"更新。从生物进化的角度来说,生物的记忆系统是自然选择的结果,因此,生物的记忆系统应该具有较优的结构,而且人类、高级灵长类动物的记忆系统应该具有更优的结构。本节主要探索记忆模型和目标跟踪中模型更新的相同点,研究如何将记忆机制融入模型更新进而改进目标跟踪中的模型更新策略。

3.2.1 记忆模型与记忆研究

近代以来对记忆的研究可以追溯到 1885 年实验心理学创始人 Ebbinghaus 发表的《论记忆》一书,该书是实验心理学史上最为经典著作之一,被翻译成多种语言,开创了实验心理学研究领域[131]。在书中他将自己作为被测试的实验对象,试图背诵 100 个无实际意义的音节,背诵结束以后,每隔一段时间记录下自己所记得的音节个数。他从实验中总结出遗忘规律:遗忘的进程是不均衡的,在识记的最初阶段遗忘速度很快,以后逐步缓慢,而已经长时间记住的东西很难被彻底忘记,这就是著名的"艾宾浩斯遗忘曲线"。1890 年 James 在其《心理学原理》[132]一书中首次提出了初级记忆(Primary Memory)与次级记忆(Secondary Memory)概念,该书也是心理学经典著作之一。James 从自然科学的角度分析心理学,研究了心理活动与大脑神经生理活动的关系,对意识、记忆、推理、想象等各种心理现象进行了细致的讨论。1965 年 Waugh 和 Norman 引用 James 的概念,建立了两级记忆系统模型[133]，如图 3.2 所示。

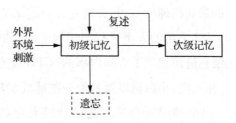

图 3.2　两级记忆系统模型

初级记忆是一种直接记忆，是在当前的意识经验下，对外界环境的刺激提供感知到的事物的忠实图像，具有暂时性，容易被遗忘，在没有复述(如背诵)的情况下初级记忆可以保持 15～30 s，因此，初级记忆也被称为短时或短期记忆(Short-term Memory)。初级记忆可以通过不断地复述来强化，避免迅速被遗忘，并且可以通过不断复述转化成次级记忆，需要注意的是，复述可以有多种形式，例如文字、声音和图像、视频等不同类型均可以实现复述。次级记忆是间接记忆，是在当前意识以外对过去经验(通常是语义级别的视觉、听觉信息，抽象概念等)的存储，具有长期性，故次级记忆也被称为长时或长期记忆(Long-term Memory)。

Atkinson 和 Shiffrin 于 1968 年在原有的两级记忆模型的基础上增加了感觉记忆(Sensory Memory)，提出了三级记忆信息加工模型[134]，如图 3.3 所示，这是目前最流行的记忆信息加工模型。短时记忆和长时记忆分别对应两级记忆模型的初级记忆和次级记忆。Atkinson 和 Shiffrin 认为：在外界的刺激下首先形成感觉记忆，在没有受到"注意"的情况下感觉记忆会保持 1～3 s 后很快消失；如果受到了"注意"，感觉记忆则转化为短时记忆。短时记忆一旦形成便会自动向长时记忆传递，通过不断地复述可以提高传递的效率和质量，形成的长时记忆也会越准确、越深刻。长时记忆的检索可以分为回忆和再认的形式，回忆是对长时记忆的抽取过程，就是将长时记忆中存储的过去经历过的事物以形象或概念的形式在头脑中重新呈现的过程；再认是对曾经感知过的事或物再次确认的过程，即当长时记忆中存储的事或物再次出现时仍能认识的心理过程，再认较回忆简单。

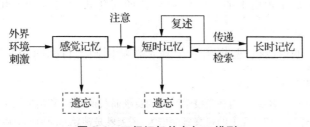

图 3.3　三级记忆信息加工模型

随着生命科学、神经科学以及分子生物学的不断发展,许多研究者开始从细胞水平甚至分子水平上探索记忆的形成机理[135]。相关研究表明记忆的形成与神经细胞之间的连接形态有关,大脑中的海马体是帮助人类进行记忆加工的关键区域,John 等科学家因发现海马体中的位置记忆细胞进而发现了大脑内部的"GPS"定位系统而获得 2014 年诺贝尔生理学或医学奖[136]。在人类、小白鼠以及其他一些哺乳动物的一生中,海马体一直都有新神经元形成,而新长出的神经元会破坏之前神经元存储的信息,影响早期的记忆[137]。利根川进①团队的研究表明:当小白鼠形成一项特定的记忆时,海马体中的一些细胞会发生相应的物理变化[138]。最新的研究表明:小白鼠在获得一段新的记忆时,海马体会合成相应的蛋白质促进相关神经元的生长,使一些神经元之间的突触连接②得到巩固[139]。记忆的形成是一个不断巩固与更新的动态过程。

3.2.2 模型更新

视频目标跟踪算法中模型更新的常用策略是线性组合当前帧观测数据和之前的模型,可用下式表示:

$$T_t = \eta x_t + (1-\eta)T_{t-1} \tag{3.1}$$

式中:T_t 代表当前帧更新后的目标模板,T_{t-1} 代表前一帧的目标模板,x_t 为当前帧图像或由当前帧图像提取的特征,η 为学习率。

视频目标跟踪算法中模型的在线更新机制是为了能够适应目标外观的变化,模型更新相当于对人工智能系统的"记忆"进行更新与巩固,模型更新是"记"的过程。但是直接用新的观测样本来无差别地更新模型并不合理,因为新的观测样本可能包含遮挡等异常情况,利用这些包含异常情况的样本进行模型更新很容易导致模型的退化,进而引起跟踪漂移,就像大脑中负责记忆区域的新神经元的生长会将早期的记忆抹去一样。对模型的更新可以比作是短时记忆向长时记忆的传递过程,利用包含遮挡特别是目标被大范围甚至完全遮挡的样本对"记忆"进行更新时,会导致"记忆"的退化,当"记忆"退化到一定程度时即使目标再次出现也不能"认出"目标。如何防止"记忆"的退化将是解决此类问题的关键。

本章参考记忆的形成机理,提出一个基于核岭回归的目标回溯算法,从当前帧开始

---

① 利根川进,日本科学家,曾因在免疫学领域的贡献而获得 1987 年诺贝尔生理学或医学奖。

② 在学习记忆过程中神经元上的树突棘会增大,树突棘是神经元间形成突触的主要部位,可塑性强。

利用当前帧的模板向前回溯目标,当目标被大范围遮挡时,回溯的目标就会和"记忆"中的目标产生较大的偏差,一旦偏差超过某个阈值就认为当前帧所跟踪的目标不再是"记忆"中的目标,此时应将模板学习率 η 置为零,相当于阻止了短时记忆向长时记忆的传递,进而保持了长时记忆的稳定。而回溯本身也是对目标的"忆"也可称为逆向"复述",对比回溯的结果和跟踪的结果实际上就是对"记忆"中目标的检索与确认过程。

3.3　基于核岭回归的目标回溯算法

3.3.1　核岭回归

回归分析是通过对样本进行分析来确定相关变量之间内在关系的一种统计分析方法。通过回归分析可以将相关变量之间的相互关系模型化、规范化,从而可以获得经验方程,根据自变量的变化预测因变量的估计值。线性回归则是利用回归分析,来确定相关变量间内在的线性关系,是回归分析中最简单、最常用的一种统计分析方法,广泛应用于数理统计、信号处理、计算机视觉等领域。岭回归(Ridge Regression)又称脊回归,通过在优化目标引入正则化项拓展了线性回归的应用范围,核岭回归则利用核技巧实现了用线性回归方法处理非线性回归问题。

给定 m 个样本,每个样本具有 n 个属性,$\boldsymbol{x}_i \in \mathbb{R}^n$,记 $\boldsymbol{x}_i = [x_{i1}, x_{i2}, \cdots, x_{in}]^\mathrm{T}$,以及对应观测值 $\boldsymbol{y}_i \in \mathbb{R}$,$i \in [1, m]$,线性回归就是根据这些观测样本找到一个超平面,满足

$$f(\boldsymbol{x}) = \boldsymbol{w}^\mathrm{T} \boldsymbol{x} + b \tag{3.2}$$

其中,$\boldsymbol{w} \in \mathbb{R}^n, b \in \mathbb{R}$,使得

$$f(\boldsymbol{x}_i) \approx \boldsymbol{y}_i \tag{3.3}$$

可以利用最小二乘方法来估计参数 $\boldsymbol{w}$ 和 b,最小二乘是通过最小化均方误差来获得最优解

$$(\boldsymbol{w}, b) = \underset{\boldsymbol{w}, b}{\operatorname{argmin}} \sum_{i=1}^{m} (f(\boldsymbol{x}_i) - \boldsymbol{y}_i)^2 \tag{3.4}$$

当样本仅有一个属性即 $\boldsymbol{x}_i \in \mathbb{R}$ 时,$\boldsymbol{w}$ 和 b 闭合解(Close-form)可以通过直接求偏导获得,此时可以根据这些观测样本找到一条直线,使得所有样本到直线的欧氏(Euclidean)距离之和最小。

当每个样本具有 $n > 1$ 个属性时,训练样本集为

$$\tilde{\boldsymbol{X}} = \begin{bmatrix} x_{11} & x_{12} & \cdots & x_{1n} \\ x_{21} & x_{21} & \cdots & x_{2n} \\ \vdots & \vdots & \ddots & \vdots \\ x_{m1} & x_{m2} & \cdots & x_{mn} \end{bmatrix} = \begin{bmatrix} \boldsymbol{x}_1^{\mathrm{T}} & 1 \\ \boldsymbol{x}_2^{\mathrm{T}} & 1 \\ \vdots & \vdots \\ \boldsymbol{x}_m^{\mathrm{T}} & 1 \end{bmatrix} \tag{3.5}$$

令 $\tilde{\boldsymbol{w}} = [\boldsymbol{w}^{\mathrm{T}}, b]^{\mathrm{T}}$,利用最小二乘方法来估计参数 $\tilde{\boldsymbol{w}}$

$$\tilde{\boldsymbol{w}} = \underset{\tilde{\boldsymbol{w}}}{\operatorname{argmin}}(\boldsymbol{y} - \tilde{\boldsymbol{X}}\tilde{\boldsymbol{w}})^{\mathrm{T}}(\boldsymbol{y} - \tilde{\boldsymbol{X}}\tilde{\boldsymbol{w}}) \tag{3.6}$$

对 $\tilde{\boldsymbol{w}}$ 求导可得

$$\tilde{\boldsymbol{X}}^{\mathrm{T}}\tilde{\boldsymbol{X}}\tilde{\boldsymbol{w}} = \tilde{\boldsymbol{X}}^{\mathrm{T}}\boldsymbol{y} \tag{3.7}$$

当 $\tilde{\boldsymbol{X}}^{\mathrm{T}}\tilde{\boldsymbol{X}}$ 可逆时

$$\tilde{\boldsymbol{w}} = (\tilde{\boldsymbol{X}}^{\mathrm{T}}\tilde{\boldsymbol{X}})^{-1}\tilde{\boldsymbol{X}}^{\mathrm{T}}\boldsymbol{y} \tag{3.8}$$

对于不适定问题(Ill-posed Problem),由于不满足 $\tilde{\boldsymbol{X}}^{\mathrm{T}}\tilde{\boldsymbol{X}}$ 可逆的条件,比如属性数目 $n > m$ 时,就会有多组解;当变量间存在共线性的时候,最小二乘法的解是病态的,很不稳定。岭回归通过在优化目标引入正则化项来处理该类问题。岭回归是对不适定问题进行回归分析最常用的一种正则化方法,其优化目标由均方误差和正则化项组成[①],则

$$\boldsymbol{w} = \underset{\boldsymbol{w}}{\operatorname{argmin}} \sum_{i=1}^{m} (f(\boldsymbol{x}_i) - \boldsymbol{y}_i)^2 + \lambda \parallel \boldsymbol{w} \parallel^2 \tag{3.9}$$

其中,λ 为正则化参数,当 $\lambda = 0$,岭回归则退化为最小二乘。

岭回归同样具有闭合解[140]为

$$\boldsymbol{w} = (\boldsymbol{X}^{\mathrm{T}}\boldsymbol{X} + \lambda\boldsymbol{I})^{-1}\boldsymbol{X}^{\mathrm{T}}\boldsymbol{y} \tag{3.10}$$

其中,$\boldsymbol{X}$ 为数据阵,$\boldsymbol{X} = \begin{bmatrix} x_{11} & x_{12} & \cdots & x_{1n} \\ x_{21} & x_{21} & \cdots & x_{2n} \\ \vdots & \vdots & \ddots & \vdots \\ x_{m1} & x_{m2} & \cdots & x_{mn} \end{bmatrix}$,$\boldsymbol{y} = [y_1, y_2, \cdots, y_m]^{\mathrm{T}}$。

当变量为复变量时,有

$$w = (\boldsymbol{X}^{\mathrm{H}}\boldsymbol{X} + \lambda\boldsymbol{I})^{-1}\boldsymbol{X}^{\mathrm{H}}\boldsymbol{y} \tag{3.11}$$

其中,$\boldsymbol{X}^{\mathrm{H}} = (\boldsymbol{X}^*)^{\mathrm{T}}$,$*$ 表示复共轭。对于实变量式(3.11)和式(3.10)等价。

可将式(3.9)转换到对偶空间对 $\boldsymbol{w}$ 求解,根据表示定理[129],$\boldsymbol{w}$ 可以表示成 $\boldsymbol{x}_i$ 的线性组合:

$$\boldsymbol{w} = \sum_{i=1}^{m} \alpha_i \boldsymbol{x}_i = \boldsymbol{X}^{\mathrm{T}}\boldsymbol{\alpha} \tag{3.12}$$

---

① 引入正则化项后,b 的求解结果会非常小,几乎不会对 w 产生影响,常常直接将其设置为零。

其中，$\boldsymbol{\alpha} \in \mathbb{R}^m$，$\boldsymbol{\alpha} = [\alpha_1, \alpha_2, \cdots, \alpha_m]^{\mathrm{T}}$。

根据矩阵求逆引理（Matrix Inversion Lemma）[141]有

$$(\boldsymbol{A}^{-1} + \boldsymbol{B}^{\mathrm{T}}\boldsymbol{B})^{-1}\boldsymbol{B}^{\mathrm{T}} = \boldsymbol{A}\boldsymbol{B}^{\mathrm{T}}(\boldsymbol{B}\boldsymbol{A}\boldsymbol{B}^{\mathrm{T}} + \boldsymbol{I})^{-1} \tag{3.13}$$

将 $\boldsymbol{B} = \boldsymbol{X}$，$\boldsymbol{A} = \frac{1}{\lambda}\boldsymbol{I}$ 代入式(3.10)，则

$$\boldsymbol{w} = \boldsymbol{X}^{\mathrm{T}}(\boldsymbol{X}\boldsymbol{X}^{\mathrm{T}} + \lambda\boldsymbol{I})^{-1}\boldsymbol{y} \tag{3.14}$$

则

$$\boldsymbol{\alpha} = (\boldsymbol{X}\boldsymbol{X}^{\mathrm{T}} + \lambda\boldsymbol{I})^{-1}\boldsymbol{y} \tag{3.15}$$

对比原始空间解和对偶空间解可以看出，原始空间需要求解一个 $n \times n$ 大小的矩阵的逆矩阵，而对偶空间需要求解逆矩阵的矩阵大小为 $m \times m$，当观测样本 m 较少，而样本属性个数 n 较多，$n \gg m$ 时，对偶空间可以更快捷地求解。

核岭回归是在训练样本线性不可分时，利用核技巧，通过非线性函数 $\varphi(\cdot)$ 将训练样本集 $\boldsymbol{x}_i (\boldsymbol{x}_i \in \mathbb{R}^n)$，映射到一个高维空间 $\varphi(\boldsymbol{x}_i) \in \mathbb{R}^{n'}$，$n' > n$，并在该空间求解分类超平面，如图 3.4 所示。核技巧可将线性不可分问题转化为线性可分问题，进而可以用线性回归方法处理非线性回归问题。

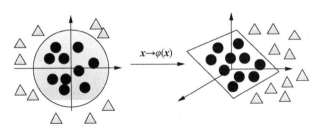

图 3.4　数据集非线性映射示意图

核岭回归优化目标为：

$$\boldsymbol{w} = \underset{\boldsymbol{w}}{\arg\min} \sum_{i=1}^{m} \| \langle \boldsymbol{w}, \varphi(\boldsymbol{x}_i) \rangle - \boldsymbol{y}_i \|^2 + \lambda \| \boldsymbol{w} \|^2 \tag{3.16}$$

核函数 κ 满足

$$\kappa(\boldsymbol{x}_i, \boldsymbol{x}_j) = \langle \varphi(\boldsymbol{x}_i), \varphi(\boldsymbol{x}_j) \rangle \tag{3.17}$$

核矩阵 $\boldsymbol{K}$ 记为

$$\boldsymbol{K}_{ij} = \kappa(\boldsymbol{x}_i, \boldsymbol{x}_j) \tag{3.18}$$

利用

$$\boldsymbol{w} = \sum_{i=1}^{m} \alpha_i \varphi(\boldsymbol{x}_i) \tag{3.19}$$

将 w 的求解转换为对偶空间中对 $\boldsymbol{\alpha}$ 的求解，

$$\boldsymbol{\alpha} = (\boldsymbol{K} + \lambda \boldsymbol{I})^{-1} \boldsymbol{y} \tag{3.20}$$

求得经验方程

$$f(\boldsymbol{z}) = \Big(\sum_{i=1}^{m} \alpha_i \varphi(\boldsymbol{x}_i) \Big)^{\mathrm{T}} \varphi(\boldsymbol{z}) = \sum_{i=1}^{m} \alpha_i \kappa(\boldsymbol{x}_i, \boldsymbol{z}) \tag{3.21}$$

3.3.2 基于核岭回归的目标回溯

本节利用核岭回归设计目标回溯算法,假设当前帧为第 t 帧,以目标为中心,选取目标及其周围一定范围内的矩形区域图像块 $\boldsymbol{z}$ 来训练线性分类器,假设选取图像区域大小为 $M \times N$,其中,$M \times N = \rho w \times \rho h$,$w$ 和 h 分别为目标的宽和高,ρ 为扩展系数,将 $\boldsymbol{z}$ 的所有循环移位图像块 $z_{m,n}$,$(m,n) \in \{0, \cdots, M-1\} \times \{0, \cdots, N-1\}$,看作训练样本,提取对应的特征图向量用 $\boldsymbol{x}_{m,n}$ 表示,对应的标签数据 $\boldsymbol{y}(m,n)$ 用一个高斯函数来描述。线性分类器 $f(\boldsymbol{x}) = \langle \boldsymbol{w}, \varphi(\boldsymbol{x}) \rangle$ 在最小均方条件下,参考式(3.16),分类器的训练为:

$$\boldsymbol{w} = \underset{\boldsymbol{w}}{\mathrm{argmin}} \sum_{m=0}^{M-1} \sum_{n=0}^{N-1} \| \langle \varphi(\boldsymbol{x}_{m,n}), \boldsymbol{w} \rangle - \boldsymbol{y}(m,n) \|^2 + \lambda \| \boldsymbol{w} \|^2 \tag{3.22}$$

核内积空间 κ 满足

$$\boldsymbol{k}_{xx}(m,n) = \kappa(\boldsymbol{x}_{m,n}, \boldsymbol{x}) = \langle \varphi(\boldsymbol{x}_{m,n}), \varphi(\boldsymbol{x}) \rangle \tag{3.23}$$

本章采用高斯核函数

$$\kappa(\boldsymbol{x}, \boldsymbol{x}') = \exp \Big(- \frac{\| \boldsymbol{x} - \boldsymbol{x}' \|^2}{\sigma^2} \Big) \tag{3.24}$$

其中,σ 为高斯核函数带宽参数。对于所有的循环移位 $\boldsymbol{x}_{m,n}$,核 κ 的输出可由式(3.25)给出:

$$\boldsymbol{k}_{xx'} = \exp \Big(- \frac{1}{\sigma^2} (\| \boldsymbol{x} \|^2 + \| \boldsymbol{x}' \|^2 - 2F^{-1}(F(\boldsymbol{x}) \odot F^*(\boldsymbol{x}'))) \Big) \tag{3.25}$$

其中,$F^{-1}(F(\boldsymbol{x}) \odot F^*(\boldsymbol{x}'))$ 表示 $\boldsymbol{x}'$ 和 $\boldsymbol{x}$ 的相关运算,通过傅里叶变换可以将相关运算转化成频域点积运算,大大提高计算效率。

根据表示定理(Representer Theorem)[129]可得

$$\boldsymbol{w} = \sum_{m=0}^{M-1} \sum_{n=0}^{N-1} \boldsymbol{\alpha}(m,n) \varphi(\boldsymbol{x}_{m,n}) \tag{3.26}$$

将式(3.26)代入式(3.22)可解得系数 $\boldsymbol{\alpha}$:

$$\boldsymbol{\alpha} = F^{-1} \Big(\frac{F(\boldsymbol{y})}{F(\boldsymbol{k}_{xx}) + \lambda} \Big) \tag{3.27}$$

令

$$\begin{cases} \boldsymbol{A} = F(\boldsymbol{\alpha}) \\ \boldsymbol{K}_{zx} = F(\boldsymbol{k}_{zx}) \end{cases} \qquad (3.28)$$

回溯就是根据当前帧的目标位置,在上一帧中以 $M \times N$ 的窗口来搜索一个图像块提取对应特征 z,计算响应

$$\hat{\boldsymbol{y}} = F^{-1}(\boldsymbol{A} \odot \boldsymbol{K}_{zx}) \qquad (3.29)$$

计算所得响应最大值 $\max(\hat{\boldsymbol{y}})$ 所在的位置即为目标在上一帧中的回溯位置。由于基于核岭回归的目标跟踪算法,模型求解和目标检测均可以转化成频域点积运算,检测效率大幅提高,因此,此类算法也被称为核相关滤波(Kernelized Correlation Filter,KCF)。

图 3.5　目标回溯示意图

当目标逐渐被遮挡时,随着回溯帧数的增加,回溯的目标位置就会和"记忆"中的目标位置产生较大的偏差。如图 3.5 所示,当目标被严重遮挡时,回溯的目标不再是"记忆"中的目标,此时应将模板学习率 η 置为零,进而保持了模型的稳定。因为回溯帧数和算法效率成反比,虽然模型求解和目标检测均可以转化成频域点积运算,但是此方法还是会严重降低目标跟踪算法的效率,下一节将重点讨论如何提高回溯算法的计算效率。

3.4　一步回溯遮挡检测与处理

3.4.1　一步回溯遮挡检测

由于逐帧回溯目标会严重影响算法的效率,本节提出一步回溯跟踪(One-step Backtracking Tracker,OBT)方法,该方法同 3.3.2 节一样也是在当前第 t 帧利用核岭回归训练一个线性分类器,区别是该方法仅仅回溯一帧或者称为"一步",但是这一帧并不

是前一帧$(t-1)$而是在当前第t帧的基础上根据式(3.30)和式(3.31)计算出的第t_b帧,即

$$t_b = t - f_b, \quad f_b \in [1,10] \tag{3.30}$$

其中,t_b满足

$$\begin{cases} S(t, t_b - 1) < \tau_b \\ S(t, i) \geqslant \tau_b, t_b \leqslant i \leqslant t \end{cases} \tag{3.31}$$

式中,τ_b是经验阈值;S表示两帧之间的重叠率,即交并比(Intersection Over Union, IoU),

$$S(t, i) = \frac{\text{area}(B_t \bigcap B_i)}{\text{area}(B_t \bigcup B_i)} \tag{3.32}$$

其中B_t为第t帧跟踪结果,$\bigcap$表示重叠区域,$\bigcup$表示二者覆盖总区域,area($\cdot$)表示区域的面积。

找到回溯帧t_b后,首先根据第t帧的目标位置,在第t_b帧中以$M \times N$的窗口来搜索一个图像块提取对应特征,用式(3.29)计算响应值,找到响应最大的位置即为目标在第t_b帧中的回溯位置。找到回溯位置后,以该位置为中心提取$w \times h$(w和h分别为目标的宽和高)大小的目标B_{t_b}(图3.5左上图$t-f_b$帧虚线框),并和"记忆"中的目标(图3.5右图$t-f_b$帧实线框)进行对比。计算"记忆"中的目标和回溯目标的重叠率得分

$$s = S(t_b, t_b') \tag{3.33}$$

一旦得分小于某个阈值τ_f,即$s < \tau_f$,就认为当前帧所跟踪的目标不再是"记忆"中的目标,此时检测出目标发生了严重遮挡,如图3.5所示。需要注意的是:当目标发生部分遮挡时,由式(3.33)计算出的重叠率得分仍然有可能很高,由于部分遮挡对基于核岭回归的目标跟踪算法影响较小,只有当遮挡累积到一定程度才会导致计算出的"记忆"中的目标和回溯目标的重叠率得分小于阈值τ_f。

3.4.2 自适应模型更新

视频目标跟踪算法中模型的在线更新机制是为了能够适应目标外观的变化,模型更新相当于对跟踪系统的"记忆"进行更新与巩固。本章中遮挡检测的目的是为了修正模型的更新率,防止"记忆"的退化。以核岭回归为例,模型更新公式为:

$$\begin{cases} \hat{\boldsymbol{A}}_t = (1-\eta)\hat{\boldsymbol{A}}_{t-1} + \eta \boldsymbol{A}_t \\ \hat{\boldsymbol{x}}_t = (1-\eta)\hat{\boldsymbol{x}}_{t-1} + \eta \boldsymbol{x}_t \end{cases} \tag{3.34}$$

其中,η为学习率;$\hat{\boldsymbol{A}}_t$表示学习得到的目标外观模型系数;$\hat{\boldsymbol{x}}_t$表示学习得到的目标外观模

板。因为新的观测样本可能包含遮挡等异常情况,直接利用这些包含异常情况的样本进行模型更新很容易导致模型的退化,进而引起跟踪漂移。对模型的更新可以比作是短时记忆向长时记忆的传递过程,利用包含遮挡特别是目标被大范围甚至完全遮挡的样本对"记忆"进行更新时,会导致"记忆"的退化,当"记忆"退化到一定程度时即使目标再次出现也不能"认出"目标。

峰-旁瓣比(Peak-to-Sidelobe Ratio,PSR)可以用来评测当前帧目标和目标模板的相关程度,PSR 越高意味着目标和模板越匹配。PSR 定义为:

$$PSR = \frac{\max(\hat{\boldsymbol{y}}) - \text{mean}(\hat{\boldsymbol{y}})}{\text{std}(\hat{\boldsymbol{y}})} \tag{3.35}$$

其中,$\max(\hat{\boldsymbol{y}})$ 表示响应 $\hat{\boldsymbol{y}}$ 的最大值;$\text{mean}(\hat{\boldsymbol{y}})$ 表示响应 $\hat{\boldsymbol{y}}$ 的平均值;$\text{std}(\hat{\boldsymbol{y}})$ 表示响应 $\hat{\boldsymbol{y}}$ 的标准差。

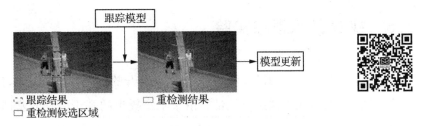

图 3.6　目标重检测示意图

通过一个经验阈值 μ 来控制学习率权重 δ 的取值,当 $PSR \geqslant \mu$ 时,有

$$\delta = \begin{cases} 1, & \text{若 } s \geqslant \tau_f \\ 0, & \text{其他} \end{cases} \tag{3.36}$$

当 $PSR < \mu$ 时则意味着目标和模板的匹配程度较弱,目标外观发生了剧烈变化。此时为了有效避免跟踪漂移,在进行一步回溯计算出 s 和 PSR_b 的基础上,还需要在当前帧中对目标进行重检测,重检测的过程相当于对"记忆"中目标进行检索与确认的过程。如图3.6所示,在目标的周围以同样的大小提取出四块区域,分别计算响应值 $\hat{\boldsymbol{y}}_1 \sim \hat{\boldsymbol{y}}_4$ 和对应的 $PSR_1 \sim PSR_4$。重检测的 PSR 定义为:

$$PSR_r = \max(PSR_1, PSR_2, PSR_3, PSR_4) \tag{3.37}$$

则学习率权重 δ 为:

$$\delta = \begin{cases} 1, & \text{若} \begin{cases} s \geqslant \tau_f, \\ PSR_r \geqslant \mu, \\ PSR_b \geqslant \mu \end{cases} \\ 0, & \text{其他} \end{cases} \tag{3.38}$$

最后,更新学习得到的目标外观模型系数$\hat{A}_t$和目标外观模板$\hat{x}_t$,

$$\begin{cases}\hat{A}_t=(1-\eta')\hat{A}_{t-1}+\eta'A_t\\\hat{x}_t=(1-\eta')\hat{x}_{t-1}+\eta'x_t\end{cases} \tag{3.39}$$

其中

$$\eta'=s\eta\delta \tag{3.40}$$

同式(3.34)相比,式(3.39)用式(3.40)计算所得的动态学习率η'代替了式(3.34)中的固定学习率η,当目标被检测出被严重遮挡时,通过学习率权重δ将学习率置零,进而阻止模型的更新,有利于减少模型退化。从"记忆"的角度来看,通过一步回溯对遮挡进行检测,当检测出当前帧所跟踪的目标不再是"记忆"中的目标时,将学习率置零相当于阻止了短时记忆向长时记忆的传递,进而保持了长时记忆的稳定,减少了"记忆"的退化。

3.5 视频目标跟踪实验

为了评估所提出的回溯算法的有效性,在公开的视频数据集[5]上,选择12段包含严重遮挡目标的视频对算法进行验证。由于本章提出的基于回溯的遮挡检测方法具有普适性,因此可以嵌入到其他已知的跟踪算法中对遮挡进行检测。本节首先评估本章所提出的回溯算法和一步回溯算法对跟踪性能的影响,然后将一步回溯算法嵌入到三种不同的跟踪算法中来评估其对不同跟踪算法的跟踪性能的影响。

3.5.1 参数设定

在普通PC机(Windows 7系统,Inter i5 - 4690CPU,3.5 GHz,16 GB内存)上基于Matlab实现所提算法。对于每一帧,在选取图像块z时扩展系数$\rho=2.5$;分类器的训练过程中:正则化参数$\lambda=10^{-4}$,选择高斯核函数带宽$\sigma=0.5$;模板更新过程中学习率$\eta=0.02$;经验阈值参数:$\tau_b=0.4,\tau_f=0.7$;正常跟踪条件下PSR大小通常在6到15之间,当$PSR<6$时则意味着目标和模板的匹配程度较弱,实验中经验阈值$\mu=6.0$。

选择公开的视频数据集[5]中12段包含严重遮挡目标的视频对算法进行验证,评价指标选择12段视频跟踪结果的平均中心位置误差(ACLE)、平均距离精度(ADP)、平均成功率(ASR),同时为了对比不同跟踪算法的跟踪性能,也选择中心误差曲线、距离精度曲线、重叠率曲线、成功率曲线作为评价指标。

3.5.2 回溯算法和一步回溯算法对比

将本章提出的回溯算法和一步回溯算法分别嵌入到传统的核相关滤波算法 KCF 中,在 12 段包含严重遮挡目标的公开视频数据集上对比回溯算法和一步回溯算法的跟踪性能。

首先是回溯帧数和跟踪性能的关系。鲁棒的跟踪算法应该满足:从任何一帧回溯都能回溯到之前的任何一帧,但是由于跟踪中目标因遮挡、光照以及形变带来的目标外观变化,使得回溯结果会和跟踪结果产生一定偏差,因此不同的回溯帧数必然会对跟踪算法的精度造成一定的影响。如何确定最优的回溯帧数将直接决定系统的性能。本节通过反复实验来确定回溯帧数,图 3.7 显示了回溯算法在选择不同回溯帧数情况下的跟踪算法的距离精度 DP 和成功率 SR 关系曲线。

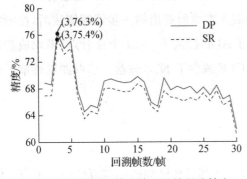

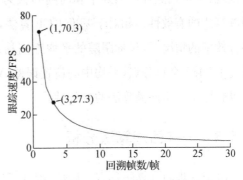

图 3.7　不同回溯帧数情况下的跟踪精度　　图 3.8　不同回溯帧数情况下的跟踪速度

分析图 3.7,距离精度和成功率均在回溯帧数为 3 的时候取得最大值,回溯帧数为 3~5 时整体精度较高,然后随着回溯帧数的增加,距离精度和成功率曲线在一定范围内波动,但始终没有超过 70%,这也说明并不是回溯帧数越多跟踪性能就越好。同时回溯帧数也将直接影响跟踪算法的效率,回溯帧数越多则算法效率越低,回溯帧数一跟踪速度曲线如图 3.8 所示。图 3.8 清晰地显示了回溯算法的跟踪速度随着回溯帧数的增加而降低,这也符合 3.3.2 节的分析。当仅回溯一帧时,跟踪速度可以达到 70.3 FPS,但是在图 3.7 所示跟踪性能最好的情况下(回溯帧数为 3)跟踪速度则急剧降低为不足前者的一半。

在回溯帧数为 3 的情况下对比回溯算法和一步回溯算法对传统 KCF 算法的影响,对比结果如表 3-1 所示。其中,"KCF+BT"代表在 KCF 算法中嵌入回溯算法后的跟踪结果;"KCF+OBT"代表在 KCF 算法中嵌入一步回溯算法后的跟踪结果;表 3-1 同样列出了 KCF 算法用于对比。

表 3-1   回溯算法和一步回溯算法对比

评价指标	KCF+OBT	KCF+BT	KCF
ACLE/像素	23.9	25.4	41.7
ADP/%	80.2	76.3	65.3
ASR/%	79.2	75.4	64.5
平均速度/FPS	72.7	27.3	206

分析表 3-1,将本章提出的回溯算法和一步回溯算法分别嵌入到 KCF 算法后,跟踪性能相比 KCF 均有所提高,虽然跟踪速度大幅降低但均能达到实时跟踪;相比嵌入回溯算法,本章提出的一步回溯算法的跟踪性能更好,效率也更高。对比表 3-1 和图 3.8 可以发现,一步回溯算法的效率和回溯帧数为 1 时的回溯算法效率相当,这也验证了一步回溯算法的有效性。相对于基准 KCF 算法,嵌入本章所提出的一步回溯算法后,在牺牲部分效率的情况下,目标跟踪的平均距离精度 ADP 提高了 14.9 个百分点,平均成功率提高了 14.7 个百分点,平均中心位置误差 ACLE 减少了 17.8 像素。这些跟踪性能的获得也验证了一步回溯算法的有效性。

3.5.3   一步回溯算法分析

由于一步回溯算法具有一般性,因此可以嵌入到其他已知的跟踪算法中。本节选择了已知的三种经典跟踪算法:CSK[109]、CN[118] 和 KCF[110],分别嵌入所提出的一步回溯算法,并在同样的实验条件下、同样的数据集上进行跟踪实验,实验对比结果如表 3-2 所示。其中,"KCF+OBT""CN+OBT"和"CSK+OBT"分别代表将一步回溯算法嵌入相对应的基准方法。同时,在特征方面本节也在 HOG 特征的基础上进行了扩展,将颜色信息引入到一步回溯算法,表 3-2 中第二列 IOBT(Incremental OBT)代表在 OBT 的基础上融合 HSI(Hue、Saturation、Intensity)特征后获得的改进一步回溯算法。

从表 3-2 可以看出,将一步回溯算法嵌入到三种经典的跟踪算法后,跟踪精度均大幅提高,这不仅验证了一步回溯算法的有效性,而且说明了一步回溯算法具有一般性和通用性。以 CN 为例,将一步回溯算法嵌入 CN 算法后,ADP 提高了 31.1 个百分点,ASR 提高了 34.2 个百分点。同时也可以从表 3-2 看出,融合颜色特征后的 IOBT 算法获得了最高的跟踪精度,相对于 KCF 直接嵌入 OBT 方法,IOBT 算法的 ADP 上提高了 9.4 个百分点,ASR 提高了 7.2 个百分点。这也说明了特征的选择对跟踪算法的重要性,所提视觉特征对目标外观描述能力的强弱直接影响着跟踪的性能,好的外观描述特征能够实现较鲁棒的视频目标跟踪。

表 3 - 2　经典跟踪算法嵌入一步回溯算法前后对比

评价指标	嵌入一步回溯				基准方法		
	IOBT	KCF+OBT	CN+OBT	CSK+OBT	KCF	CN	CSK
ACLE/像素	11.8	23.9	20.9	70.9	41.7	85.9	90.5
ADP/%	89.6	80.2	80.3	57.4	65.3	49.2	39.7
ASR/%	86.4	79.2	79	56.1	64.5	44.8	37.8
平均速度/FPS	56.8	72.7	56.1	88.6	206	150	301

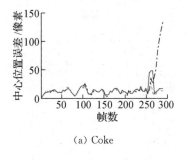

(a) Coke

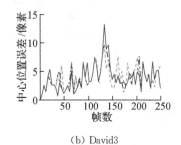

(b) David3

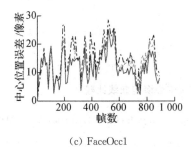

(c) FaceOcc1

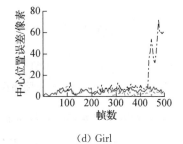

(d) Girl

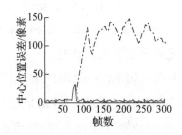

(e) Jogging1

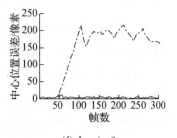

(f) Jogging2

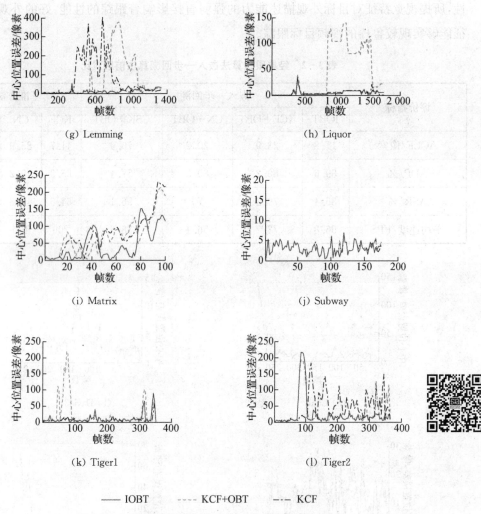

(g) Lemming

(h) Liquor

(i) Matrix

(j) Subway

(k) Tiger1

(l) Tiger2

—— IOBT　　---- KCF+OBT　　-·- KCF

图 3.9　一步回溯算法和基准方法中心误差曲线比较

图 3.9 分别列出了表 3－2 中的 IOBT 算法、嵌入一步回溯算法的 KCF＋OBT 方法和基准 KCF 算法在 12 段目标跟踪视频数据集上得到的中心误差曲线,中心误差曲线反映的是中心位置误差在每一帧的变化情况。(a)～(l)分别对应数据集中的 Coke、David3、FaceOcc1、Girl、Jogging1、Jogging2、Lemming、Liquor、Matrix、Subway、Tiger1和 Tiger2 序列,这些视频序列所包含的目标均出现被严重遮挡的情况。

图 3.9 中,嵌入一步回溯算法的两种方法(IOBT 和 KCF＋OBT)和 KCF 算法在David3、FaceOcc1 和 Subway 序列上均获得了较低的中心位置误差,特别是在 David3 和Subway 两段视频序列上,三种方法在每一帧上的中心位置误差均小于 20 像素,中心定位十分准确。但是在 Coke、Girl、Jogging1 和 Jogging2 4 段序列的跟踪上,KCF 算法由于

不能有效处理遮挡问题,因此随着跟踪的进行 KCF 算法出现跟踪漂移现象,而嵌入一步回溯算法的 IOBT 和 KCF＋OBT 则较好地完成了目标跟踪。在 Lemming、Liquor 和 Tiger1 3 段序列上,KCF＋OBT 方法虽然在部分帧出现跟踪漂移,但融合颜色特征的 IOBT 方法均能获得良好的跟踪效果,这说明加入颜色信息后可以在一定程度上提高跟踪性能。在 Matrix 和 Tiger2 序列上,三种方法均在部分帧出现跟踪漂移现象,但是相对于其他两种方法,IOBT 算法总能很快地对跟踪器进行校正。总的来说,嵌入一步回溯算法的 IOBT 和 KCF＋OBT 两种方法在这 12 段视频序列上的平均跟踪效果要优于 KCF 算法,验证了一步回溯算法的有效性。

3.5.4　算法对比分析

为了评估算法的有效性以及对比算法的跟踪性能,除了前一节所选择的 CSK[109]、CN[118] 和 KCF[110] 以外,本节还选取了其他 8 种跟踪方法 DSST[117]、HCFT[122]、PCOM[88]、RPT[113]、SRDCF[112]、Struck[104]、TGPR[130] 和 TLD[127],利用文献作者公布的原始代码和本章提出的 IOBT 算法在同样的实验条件下作对比实验,分别记录中心位置误差 CLE、成功率 SR、距离精度 DP 和每秒处理帧数 FPS。表 3-3 对比了每种方法的整体跟踪性能,跟踪结果用 12 段视频跟踪结果的平均值来表示,每个指标最好、次好、第三的结果进行了"加粗""下划线""斜体加粗"处理,表格从左到右按照平均成功率 ASR 进行降序排列。

表 3-3　IOBT 算法与其他算法性能对比

评价指标	IOBT	SRDCF	HCFT	TGPR	RPT	KCF	Struck	TLD	CN	DSST	CSK	PCOM
ACLE /像素	**11.8**	<u>22.6</u>	*23.6*	49.8	43	41.7	63.8	61.5	85.9	70.2	90.3	89.8
ADP /%	**89.6**	<u>85.0</u>	*80.5*	69.5	69.4	65.3	54.4	49.0	49.2	51.5	39.7	29.7
ASR /%	**86.4**	<u>82.8</u>	*80.8*	68.3	67.4	64.5	54.8	48.9	44.8	44.0	37.8	26.3
平均速度 /FPS	56.8	6.8	1.3	0.7	4.5	<u>206</u>	8.4	15.4	*150*	34.7	**301**	24.3

从表 3-3 可以看出,相对于其他方法,本章提出的 IOBT 算法在 ACLE、ASR 和

ADP 三个评价指标上都达到了最好的性能,平均速度 FPS 排在第四位,特别是同性能较好的 SRDCF 和 HCFT 跟踪方法相比,IOBT 算法速度明显高于二者,同排第二位的 SRDCF 方法相比,IOBT 算法在提高精度的同时跟踪效率也达到了 SRDCF 的 8.4 倍。表 3-4 列出了 IOBT 算法和其他 11 种跟踪方法在每段视频上的距离精度 DP 的对比,最好的结果进行了"加粗"处理,其中本章所提出的 IOBT 算法在 12 段视频上有 7 段达到了最好的跟踪性能,整体性能明显优于其他方法。

表 3-4 IOBT 算法与其他算法在每段视频上距离精度 DP 对比表(%)

Sequences	IOBT	SRDCF	HCFT	TGPR	RPT	KCF	Struck	TLD	CN	DSST	CSK	PCOM
Coke	92.44	81.79	**96.22**	**96.22**	95.88	84.54	95.53	50.86	61.51	93.13	89.69	4.81
David3	**100**	**100**	100	99.6	100	100	33.73	10.32	90.48	60.71	65.87	75.4
FaceOcc1	**92.26**	82.96	62.22	82.96	69.73	75.67	61.21	8.97	89.35	91.82	95.85	69.39
Girl	**100**	99.2	100	89.6	92.8	86.4	64.0	95.8	86.4	92.8	55.4	63.6
Jogging1	**97.39**	**97.39**	**97.39**	22.8	23.13	23.45	23.13	97.07	23.78	23.13	22.8	23.13
Jogging2	99.02	99.67	**100**	99.67	17.92	16.29	18.57	16.29	18.57	18.57	18.57	19.54
Lemming	**78.97**	32.26	25.75	27.17	53.44	48.73	63.7	68.86	30.76	42.96	43.56	16.92
Liquor	**98.56**	98.22	81.56	35.38	55.49	97.65	40.55	80.87	20.1	40.44	22.29	33.54
Matrix	48.0	37.0	**62.0**	11.0	44.0	17.0	11.0	14.0	1.0	18.0	1.0	14.0
Subway	**100**	**100**	**100**	**100**	**100**	**100**	98.29	99.43	24.57	25.71	24.57	22.29
Tiger1	92.09	97.46	85.59	95.76	97.74	**98.02**	73.16	26.27	80.23	80.51	25.99	6.78
Tiger2	76.16	**93.97**	55.62	73.97	82.47	36.44	69.86	19.73	64.11	30.14	10.96	6.58
平均值	**89.6**	85.0	80.5	69.5	69.4	65.3	54.4	49.0	49.2	51.5	39.7	29.7

选择表 3-4 中平均跟踪性能较好的 5 种方法 SRDCF、HCFT、TGPR、RPT 和 KCF,分别在距离精度曲线和成功率曲线上同 IOBT 方法进行对比,如图 3.10 和图 3.11 所示。距离精度曲线表示中心误差阈值取不同值时的距离精度,图 3.10 所示图例中的数值代表每种方法在中心误差阈值取 20 个像素时的距离精度值,距离精度曲线反映了跟踪算法对目标中心的定位精度;成功率曲线表示重叠率阈值取不同值时的成功率,图 3.11 所示图例中的数值代表每种方法成功率曲线与坐标轴围成的区域面积

（Area Under the Curve，AUC），成功率曲线反映了跟踪算法的重叠精度。从图 3.10 和图 3.11 可以看出，IOBT 方法均获得了较好的跟踪性能，和 KCF 相比，IOBT 算法的AUC 提高了 33.3%。

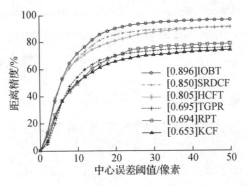

图 3.10　不同算法距离精度曲线比较

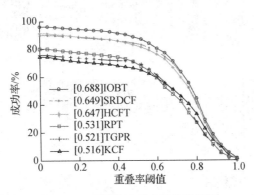

图 3.11　不同算法成功率曲线比较

此外，图 3.12 列出了 IOBT 方法和其他四种方法：SRDCF、HCFT、TGPR 和 KCF，在 12 段包含严重遮挡目标视频序列上的跟踪结果，每段视频选择两帧。这些视频序列中不仅有遮挡问题，而且还有光照变化（（a）、（g）、（h）、（i）、（k）和（l））、快速运动（（g）、（h）、（i）、（k）和（l））、目标变形（（b）、（e）和（f））、旋转（（a）、（d）、（g）、（h）、（k）和（l））和背景杂乱（（b）、（h）、（i）和（j））等问题。本章所提出的 IOBT 方法对于这些视频跟踪中常见的问题均具有一定的鲁棒性，在这些视频上均达到了较好的跟踪效果。

图 3.12　不同方法的跟踪效果

3.6　本章小结

本章从记忆模型出发主要研究了视频目标跟踪中的遮挡检测方法以及如何实现遮挡情况下的模型自适应更新。首先,从记忆机制出发,探索模型更新的仿生学依据,提出回溯算法来模拟记忆模型"复述"的过程；然后，为了提高计算效率，在核相关滤波框架下提出了一步回溯遮挡检测算法实现对遮挡的检测；最后提出了模型自适应更新策略来避免由于目标被遮挡而带来的模型退化与跟踪漂移。从"记忆"机制来看，遮挡检测相对于对"记忆"中目标的检索与确认，当检测出当前帧所跟踪的目标不再是"记忆"中的目标时，阻止短时记忆向长时记忆的传递，能够保持长时记忆的稳定，减少"记忆"的退化。在公开的包含严重遮挡目标的数据集上通过定性和定量的实验对所提方法进行了验证，相关实验结果表明所提方法不仅平均跟踪性能优于其他方法，实现了实时跟踪，而且还能嵌入到其他已知的视频目标跟踪方法中实现遮挡检测，算法具有一般性。

在实验中也发现：特征是视频目标跟踪成功的关键，所提视觉特征对目标外观描述能力的强弱直接影响着跟踪的性能，好的外观描述特征能够实现较鲁棒的目标跟踪。下一章从特征入手，将深度卷积特征融入相关滤波目标跟踪框架，在此基础上考虑多层深度卷积特征协同跟踪。

第四章 基于卷积特征的目标跟踪方法

4.1 引言

特征提取是视频目标跟踪的关键环节,涉及视频、图像处理领域的多种理论和方法,好的视觉特征能保留较多的目标外观信息,差的视觉特征则忽略了大量的有用信息,所提视觉特征对目标外观的描述能力直接影响着跟踪器的性能。传统的基于相关滤波的视频目标跟踪方法利用了目标图像的灰度、纹理、颜色等信息进行特征提取获得目标图像特征图,对于简单场景下的目标跟踪问题,利用这些特征能够实现较鲁棒的跟踪效果,但是对于复杂场景下的目标跟踪问题,利用这些特征往往不能达到满意的跟踪效果。主要原因是这些特征本质上都是人工设计的,人工设计特征提取不仅需要设计者具有很深的专业领域知识,而且人工设计的特征或多或少会忽略原始图像所包含的部分有用信息,使得目标和目标、目标和背景的差异性也会随之被部分忽略。由于不同特征对不同场景下目标的泛化能力不同,因此在不同的应用场景下需要考虑不同的特征,在线提取能够适应目标和背景外观变化的特征是跟踪成败的关键,如何保证在各种场景下都能提取对目标具有较好描述能力的特征,进而实现鲁棒的目标跟踪,是视觉跟踪必须要解决的问题。

近年来,随着深度学习(Deep Learning, DL)技术的飞速发展,卷积神经网络(Convolutional Neural Network, CNN)作为深度学习在图像处理领域中的一个重要分支,已经在目标检测和分类识别上取得了巨大成功。最近两年一些研究者也将基于CNN的图像特征提取方法引入到视频目标跟踪领域,利用CNN进行特征提取所获得的目标特征不同于传统灰度、纹理、颜色等特征,这些卷积特征是机器"自己"通过大量的样本"学习"获得的图像特征描述符,因此,卷积特征对目标的表述能力更好、跟踪精度较高。本章首先利用迁移学习机制,将在大规模数据集ImageNet上训练的CNN模型引入到相关滤波跟踪框架,利用CNN在特征提取方面的优势提出了一种基于卷积特征的视频目标跟踪方法。和传统分类识别不同的是,本章舍弃了CNN的全连接层,直接抽取中间层的特征图作为目标图像的特征描述符;同时将单通道的核相关滤波扩展为多通道以实现特征和模型直接匹配;最后,在对卷积层特征层次分析(Hierarchical Analysis)的基础上,针对单一卷积层特征跟踪效果不理想的问题,研究了多层卷积特征协同跟踪方法,并对不同卷积层特征的选择以及其权重的快速调节进行了探索。

4.2　卷积神经网络

卷积神经网络(CNN)是人工神经网络家族的重要成员,人工神经网络(Artificial Neural Network,ANN),也常直接简称为神经网络,最早出现于 1943 年,兴起于 20 世纪 80 年代,最近十多年来,人工神经网络的研究工作不断深入,取得了很大的进展,在人工智能、模式识别、机器人、生命科学等领域取得了惊人的效果,解决了很多实际问题,已经成为一个多学科交叉的学科领域[142]。神经网络是一种由大量节点相互连接构成的运算模型,1988 年 *Neural Networks* 创刊时 Kohonen 对神经网络的定义为[143]:"神经网络是由具有适应性的简单单元组成的广泛并行互连的网络,它的组织能够模拟生物神经系统对真实世界物体所做出的交互反应"。定义中的"简单单元"即神经元模型,神经元模型是组成神经网络的最基本单元,人们研究人工神经网络也是从模拟神经元入手。

神经元(Neuron)源自生物学,例如:人类的大脑是由大约 1 000 亿个神经元相互连接而组成的复杂网络,平均每个神经元与其他 10 000 个神经元相互连接。当某个或某些神经元兴奋时,这些兴奋的神经元就会向与它们连接的神经元传送化学物质,即神经信号,从而改变这些神经元的电位等物理状态,当这些改变累积到一定阈值(Threshold),则会激活这些神经元,引起这些神经元的兴奋,这些被激活的神经元又会向其他与之连接的神经元传递信号,从而完成了兴奋在神经元之间的传递。典型的神经元模型是 McCulloch 和 Pitts 在 1943 年所描述的"M-P 神经元模型"[144],如图 4.1 所示,M-P 神经元模型也被称为感知器模型。

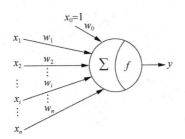

图 4.1　M-P 神经元模型

在 M-P 神经元模型中,神经元以一个向量 $\boldsymbol{x}=[x_1,x_2,\cdots,x_n]^{\mathrm{T}}$ 作为输入,计算这些输入的线性组合,然后通过激活函数 $f(\cdot)$ 来产生神经元的输出 y,即

$$y=f\Big(\sum_{i=0}^{n} x_i w_i\Big)=f(\boldsymbol{w}^{\mathrm{T}}\boldsymbol{x}) \tag{4.1}$$

其中,x_i 为第 i 个神经元的输入;w_i 均为实数常量,表示对应 x_i 的权值,用来决定 x_i 对神经元模型输出的贡献率。需要注意的是,w_0 是一个阈值,用来控制神经元的“激活/抑制”状态。这一过程通过激活函数 $f(\cdot)$ 来实现,实际应用中常用“sigmoid”函数代替阶跃函数,典型的 sigmoid 函数为:

$$\mathrm{sigmoid}(x)=\frac{1}{1+\mathrm{e}^{-x}} \tag{4.2}$$

该激活函数将较大范围的输入压缩到 $(0,1)$ 输出,而且该激活函数处处连续,具有一个很好的性质:

$$\frac{\mathrm{dsigmoid}(x)}{\mathrm{d}x}=\mathrm{sigmoid}(x)(1-\mathrm{sigmoid}(x)) \tag{4.3}$$

该性质便于后续对神经网络的训练。

将如图 4.1 所示的神经元按照一定规则相互连接起来就构成了人工神经网络,神经网络层级结构通常如图 4.2 所示,包括:输入层、隐层和输出层。其中,输入层仅用来接收外界信号,并不对信号进行处理,隐层和输出层则包含图 4.1 所示的神经元,并对神经元信号进行加工与输出。因此,图 4.2 所示神经网络也被称为“两层网络”或“单隐层网络”,当神经网络包含多个隐层时则对应“多隐层神经网络”。图 4.2 所示每层神经元与下一层神经元全互连,同层神经元之间没有连接,也没有神经元跨层连接,此类型的神经网络也被称为“前馈神经网络”(Feedforward Neural Network)。

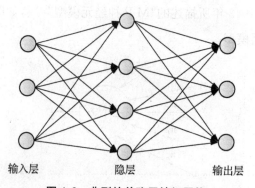

输入层　　　　　隐层　　　　　输出层

图 4.2　典型的单隐层神经网络

神经网络设计好之后并不能立即用于对数据的分类、识别,而是需要根据已有的训练样本和样本标签来调整神经元之间的连接权重,以及每个神经元的激活阈值,使这些参数能够较好地拟合训练样本,以实现对未知类型数据分类识别的目的。误差反向传播(Error Back Propagation)算法[145],简称 BP 算法,是目前应用最广泛的神经网络学习算法(误差反向传播算法的详细推导请参见附录 C)。

Hornik 等人已经证明,只需一个隐层,选择合适个数的神经元,多层前馈网络就能以任意精度逼近任意复杂度的连续函数[146]。也正是由于 BP 网络具有强大的表示能力,因此 BP 网络在训练过程中时常出现过拟合现象,即训练误差持续降低甚至降低为零,但测试误差却较大甚至可能上升。从理论上来说,网络参数越多则模型越复杂,网络的容量就越大,学习能力就越强,但事实上复杂模型的训练效率低,而且更易陷入过拟合。随着大数据时代的来临,可以通过大量的训练数据来降低过拟合风险,而计算机性能的大幅提高,以及云计算的出现,使得更复杂的神经网络训练成为可能,以深度学习为代表的复杂网络模型迅速崛起,已经取得了惊人的成绩[64]。

深度学习通常是指网络层数很深的神经网络,然而深度神经网络直接用标准的 BP 算法进行训练,当网络层数达到 7 层以上,误差传到最前面层已经变得非常小,会出现梯度扩散(Gradient Diffusion)现象,使网络训练不能收敛到稳定状态。此外,BP 算法是基于梯度下降实现的,因此也很容易收敛到局部最优点。为了减小梯度扩散以及尽可能地避免陷入局部最优,Hinton 等人采用无监督逐层预训练的策略,每次只训练一层隐节点,训练时将上一层隐节点的输出作为当前隐节点的输入,而当前隐节点的输出作为下一层隐节点的输入[147]。预训练完成以后再利用训练数据基于 BP 算法对整个网络进行微调(Fine-tuning)训练,进而解决了深度学习模型优化困难的问题。此类"预训练＋微调"的策略不仅保留了模型大量参数所带来的学习优势,而且还能有效地节省训练开销。还有一种被广泛应用的节省训练开销的策略是"权值共享"(Weight Sharing),即通过让不同的神经元使用相同的连接权在保证模型复杂度的同时降低了所需训练参数的个数。这个策略在 CNN 中得到了大量应用,CNN 是深度学习在图像处理领域中的一个重要分支,已经在目标检测和分类识别上取得了巨大成功。

CNN 同样也是利用 BP 算法实现对网络参数的训练,其特别适合处理二维数据,因此,CNN 主要应用于以图像为信息载体的检测定位、识别分类等领域。CNN 最大的特点就是卷积操作,其相比传统 ANN 的主要不同在于权值共享和非全连接。CNN 通常将原始图像直接作为网络的输入,避免了传统特征提取过程中对图像信息的丢失。CNN 通过不同的卷积滤波器提取信号的不同特征,实现对信号特定模式的观测与分析,卷积滤波器也被称为卷积核,其来源是受 Hubel 等人对猫的视觉皮层细胞研究所提出的局部感受野启发[148],每一个卷积层通过使用相同的卷积滤波器对输入特征图上所有位置进行检测提取特定特征,实现同层权值共享。早期的 CNN 以 LeCun 等人提出的手写体字符识别框架[149-150] 为代表,后来伴随着计算机硬件水平的进步,Ciresan 等人[151] 利用 GPU 加速了 CNN 的训练,并且证明 CNN 仅通过监督学习(Supervised Learning)就能达到较高的精度,而避免了逐层的无监督预训练过程,但由于当时数据集的规模限制,使网络很容易陷入过拟合。大规模标注数据集"ImageNet①"的出现促进了 CNN 的迅速发展,其中被称为 Alex-net[64] 的网络是最为经典的卷积神经网络,后来许多研究者又在 Alex-net 的基础上设计出了性能更出色的卷积神经网络,如 VGG 网络在检测定位与分类识别等方面均表现出了良好的性能[71]。以 VGG - 19 为例,表 4 - 1 列出了 VGG - 19 结构模型参数。VGG - 19 网络模型结构主要包括:输入层(Input Layer)、卷积层(Convolutional Layer)、ReLU 层(Rectified Linear Unit)、最大池化层(Max Pooling Layer)和 Softmax 等。

表 4 - 1　VGG - 19 结构模型参数

层数	操作类型	层名称	输入特征维度	滤波器尺度	步长	输出特征维度
0	输入层	input	$224 \times 224 \times 3$	—	—	$224 \times 224 \times 3$
1	卷积层	conv1_1	$224 \times 224 \times 3$	$3 \times 3 \times 3 \times 64$	1	$224 \times 224 \times 64$
2	ReLU 层	relu1_1	$224 \times 224 \times 64$	—	—	$224 \times 224 \times 64$
3	卷积层	conv1_2	$224 \times 224 \times 64$	$3 \times 3 \times 64 \times 64$	1	$224 \times 224 \times 64$
4	ReLU 层	relu1_2	$224 \times 224 \times 64$	—	—	$224 \times 224 \times 64$
5	最大池化层	pool1	$224 \times 224 \times 64$	—	2	$112 \times 112 \times 64$
6	卷积层	conv2_1	$112 \times 112 \times 64$	$3 \times 3 \times 64 \times 128$	1	$112 \times 112 \times 128$
7	ReLU 层	relu2_1	$112 \times 112 \times 128$	—	—	$112 \times 112 \times 128$
8	卷积层	conv2_2	$112 \times 112 \times 128$	$3 \times 3 \times 128 \times 128$	1	$112 \times 112 \times 128$
9	ReLU 层	relu2_2	$112 \times 112 \times 128$	—	—	$112 \times 112 \times 128$
10	最大池化层	pool2	$112 \times 112 \times 128$	—	2	$56 \times 56 \times 128$

① 目前 ImageNet 数据集大约包含 1 500 万张标定图像,分为 22 000 个类,分类识别最常用的 LSVRC 数据集是 ImageNet 的子集,一共有 1 000 个类别,每个类别包含大约 1 000 张图片。

层数	操作类型	层名称	输入特征维度	滤波器尺度	步长	输出特征维度
11	卷积层	conv3_1	56×56×128	3×3×128×256	1	56×56×256
12	ReLU 层	relu3_1	56×56×256	—	—	56×56×256
13	卷积层	conv3_2	56×56×256	3×3×256×256	1	56×56×256
14	ReLU 层	relu3_2	56×56×256	—	—	56×56×256
15	卷积层	conv3_3	56×56×256	3×3×256×256	1	56×56×256
16	ReLU 层	relu3_3	56×56×256	—	—	56×56×256
17	卷积层	conv3_4	56×56×256	3×3×256×256	1	56×56×256
18	ReLU 层	relu3_4	56×56×256	—	—	56×56×256
19	最大池化层	pool3	56×56×256	—	2	28×28×256
20	卷积层	conv4_1	28×28×256	3×3×256×512	1	28×28×512
21	ReLU 层	relu4_1	28×28×512	—	—	28×28×512
22	卷积层	conv4_2	28×28×512	3×3×512×512	1	28×28×512
23	ReLU 层	relu4_2	28×28×512	—	—	28×28×512
24	卷积层	conv4_3	28×28×512	3×3×512×512	1	28×28×512
25	ReLU 层	relu4_3	28×28×512	—	—	28×28×512
26	卷积层	conv4_4	28×28×512	3×3×512×512	1	28×28×512
27	ReLU 层	relu4_4	28×28×512	—	—	28×28×512
28	最大池化层	pool4	28×28×512	—	2	14×14×512
29	卷积层	conv5_1	14×14×512	3×3×512×512	1	14×14×512
30	ReLU 层	relu5_1	14×14×512	—	—	14×14×512
31	卷积层	conv5_2	14×14×512	3×3×512×512	1	14×14×512
32	ReLU 层	relu5_2	14×14×512	—	—	14×14×512
33	卷积层	conv5_3	14×14×512	3×3×512×512	1	14×14×512
34	ReLU 层	relu5_3	14×14×512	—	—	14×14×512
35	卷积层	conv5_4	14×14×512	3×3×512×512	1	14×14×512

续表

层数	操作类型	层名称	输入特征维度	滤波器尺度	步长	输出特征维度
36	ReLU 层	relu5_4	$14\times14\times512$	—	—	$14\times14\times512$
37	最大池化层	pool5	$14\times14\times512$	—	2	$7\times7\times512$
38	卷积层	fc6	$7\times7\times512$	$7\times7\times512\times4\,096$	1	$1\times1\times4\,096$
39	ReLU 层	relu6	$1\times1\times4\,096$	—	—	$1\times1\times4\,096$
40	卷积层	Cow	$1\times1\times4\,096$	$1\times1\times4\,096\times4\,096$	1	$1\times1\times4\,096$
41	ReLU 层	relu7	$1\times1\times4\,096$	—	—	$1\times1\times4\,096$
42	卷积层	Cow	$1\times1\times4\,096$	$1\times1\times4\,096\times1\,000$	1	$1\times1\times1\,000$
43	Softmax	prob	$1\times1\times1\,000$	—	—	$1\times1\times1\,000$

输入层直接将原始图像作为网络的输入,同一卷积层在权值共享的策略下利用同一组卷积滤波器以局部感受野的方式在该层卷积特征图的所有位置提取相应的特征。权值共享和局部感受野策略大大降低了网络模型的复杂度,有利于降低过拟合风险。以第一个卷积层 conv1_1 为例:输入特征维度为 $224\times224\times3=150\,528$,如果采用传统的全连接(Fully Connected)神经网络,当满足输出特征维度为 $224\times224\times64=3\,211\,264$ 时,则需要 $3\,211\,264$ 个神经元节点,此时则需要训练 $150\,528\times3\,211\,264\approx4.8\times10^{11}$ 个权值参数,而 CNN 引入权值共享以及局部感受野,仅需要 $3\times3\times3\times64=1.728\times10^3$ 个权值参数,将模型参数降低了 8 个数量级,极大地降低了网络模型的复杂度。需要注意的是模型的最后三层卷积层由于滤波器感受野的变化,实际上已经退化为全连接。

卷积后的数据经过一个非线性的激活函数(ReLU 层)对卷积结果进行筛选得到特征图[152]。VGG-19 网络的 ReLU 层选择

$$f(x)=\max(0,x) \tag{4.4}$$

代替式(4.2)的 sigmoid 激活函数。sigmoid 函数在输入很大或者很小时,函数值基本保持不变,梯度接近零;而式(4.4)中,当 $x>0$ 时,激活函数为线性函数,梯度为 1,因此在用梯度下降算法对网络进行训练时就能较好地保证误差反向传播的效率,减小梯度扩散。采用 ReLU 对整个网络进行训练时比传统的 sigmoid 函数有更快的收敛速度,训练效率更高,进而可以让网络具有更深的层数。

VGG-19 网络一共有 5 个池化层,池化层选择步长为 2,采用最大池化操作,相

对于对特征图的下采样操作,池化层输出特征图的长宽尺度均降低为原来的一半,总的特征维度降低为原来的四分之一,但能较好地保留原始特征图的信息。池化操作通过降低 CNN 的空间分辨率来增强所提特征的缩放不变性,同时也减少了训练数据量。

VGG-19 网络的输出层采用 Softmax 分类方法,输出结果为 1 000 个类别的置信概率。

总之,相比传统人工神经网络,CNN 通过卷积层、ReLU 层和池化层交替重复构建网络结构,卷积层的权值共享和局部感受野策略在降低参数的同时又保证了 CNN 所提特征具有平移、旋转不变性;ReLU 层减小了梯度扩散,保证误差反向传播的效率,提高网络训练速度;池化层通过降低空间分辨率在保留有用信息的同时减少了训练数据量,同时也使所提特征具有缩放不变性。特征图从浅层到深层,特征图分辨率越来越低,个数越来越多,特征的表述能力越来越强,特征也越来越抽象。

4.3　基于卷积特征的相关滤波跟踪算法

4.3.1　可行性分析

基于相关滤波的目标跟踪算法将目标跟踪看作一个回归问题,对于给定的目标图像,基于相关滤波的目标跟踪算法,将所有循环移位图像块看作训练样本,提取对应的特征图向量,通过最小均方误差训练线性分类器,引入核函数在核岭回归框架下将模型求解和目标检测均可以转化成频域点积运算,大幅提高了目标跟踪速度。这类算法所提取的特征每个通道均是二维特征图,如:单通道灰度特征[109]、多通道颜色特征[118]、多通道 HOG 特征[110]等。这些二维特征图是以实矩阵的形式出现,因此可以考虑将 CNN 的中间层特征引入到相关滤波跟踪框架,替换传统特征。由于目标跟踪的特殊性,通常情况下只标注出一帧图像中的目标图像,即样本只有一个,这虽然不能满足 CNN 训练大数据的要求,但是可以利用迁移学习的思想,将构建好的 CNN 模型首先在 ImageNet 上进行训练,然后将模型迁移到目标跟踪,直接利用训练好的模型对目标图像进行特征提取,获得 CNN 模型中间层的输出特征图来替换相关滤波跟踪算法中的传统特征。图 4.3 列出了灰度特征,R(红)、G(绿)、B(蓝)三个通道原始特征图和 VGG-19 网络的第 2 层、第 5 层、第 19 层和第 37 层部分特征图二维可视化结果,其中卷积特征图均放大至原图大小。

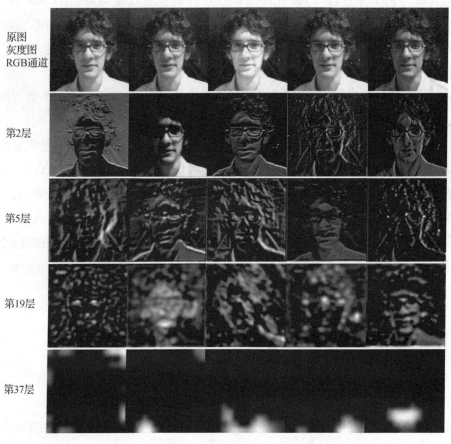

原图
灰度图
RGB通道

第2层

第5层

第19层

第37层

图 4.3　卷积特征图和原始图像对比

由图 4.3 可以看出,VGG-19 网络特征图从浅层到深层,由于特征图分辨率的降低,特征图中目标边界越来越模糊,特征越来越抽象。浅层(如第 2 层和第 5 层)特征图和原始图像(原图、灰度图、RGB 通道)还有很多相似之处,肉眼还能分辨出所显示的内容;到了第 19 层已经有部分特征图变得难以分辨;到了第 37 层,不同特征图只点亮了某些区域,凭肉眼已经完全看不出其和原始图像的任何相似之处,深层特征变得十分抽象。研究表明[64,71],越深层的特征图其语义辨别能力越强,抗干扰能力越强,越有利于目标的分类识别;浅层特征图虽然抗干扰能力不如深度特征图,但是浅层特征图保留了较多的空间信息,以及边缘、纹理等细节信息,因此浅层特征图具有更精确的定位精度。本章将 CNN 不同层特征图引入到相关滤波跟踪框架,将深层特征图的抗干扰能力与较浅层特征精确的定位能力结合起来实现更加鲁棒的目标跟踪。

4.3.2　算法实现

本节将卷积特征图引入到核相关滤波跟踪框架,利用 VGG - 19 不同层卷积特征分别训练相关滤波器对目标进行协同跟踪,系统框图如图 4.4 所示。首先利用上一帧的跟踪位置在当前帧选取相应的搜索区域,提取对应的 CNN 中间层特征图,然后利用训练好的相关滤波器分别找到目标在每层特征上的响应图,最后将这些响应图加权求和找到最大响应位置,即为目标在当前帧的位置。

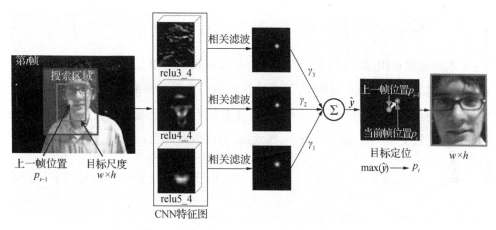

图 4.4　基于卷积特征的相关滤波跟踪框图

相关滤波器的训练同样也是利用卷积特征,由于最大池化操作,因此所选择的 relu3_4,relu4_4 和 relu5_4 特征图的分辨率不同。在相关滤波器训练时,首先利用双线性差值将不同层特征值变换到相同尺度 $M/4 \times N/4$,其中,$M \times N = \rho w \times \rho h$,$w$ 和 h 分别为目标的宽和高,ρ 为扩展系数。假设当前帧为第 t 帧,当前帧已经完成了目标跟踪获得了目标的位置(第一帧由人工标定),在当前帧以目标位置为中心,选取目标及其周围 $M \times N$ 大小矩形区域图像块 z 来训练相关滤波器,利用 VGG - 19 网络对图像 z 进行特征提取。假设提取出所需要的某一层(如:relu3_4,relu4_4 或 relu5_4)特征图向量为 x,首先利用双线性差值将 x 的尺度变换到 $M/4 \times N/4$,然后将 x 的所有循环移位图像块 $x_{m,n}$,$(m,n) \in \{0,\cdots,M/4-1\} \times \{0,\cdots,N/4-1\}$,看作训练样本,对应的标签数据 $y(m,n)$ 用一个高斯函数来描述

$$y(m,n) = \exp\left(-\frac{|m-M/8|^2 + |n-N/8|^2}{2\sigma_y^2}\right) \tag{4.5}$$

其中,σ_y 为高斯函数带宽参数。

利用核函数 $\varphi(\cdot)$ 将训练样本向量 $x_{m,n}$ 映射到一个高维的线性特征空间,在高维空间构造线性分类器 $f(x)=\langle w,\varphi(x)\rangle$,在最小二乘损失条件下,分类器的训练为:

$$w = \operatorname*{argmin}_{w} \sum_{m=0}^{M-1} \sum_{n=0}^{N-1} \| \langle \varphi(x_{m,n}),w \rangle - y(m,n) \|^2 + \lambda \| w \|^2 \qquad (4.6)$$

其中,$\lambda \geqslant 0$,为正则化参数,核内积空间 κ 满足

$$k_{xx}(m,n) = \kappa(x_{m,n},x) = \langle \varphi(x_{m,n}),\varphi(x) \rangle \qquad (4.7)$$

对于所有的循环移位 $x_{m,n}$,核 κ 的输出可由式(4.8)给出:

$$k_{xx'} = \exp\left(-\frac{1}{\sigma^2}(\| x \|^2 + \| x' \|^2 - 2F^{-1}(F(x)\odot F^*(x')))\right) \qquad (4.8)$$

其中,$\odot$ 表示元素点积;$F^{-1}(F(x)\odot F^*(x'))$ 表示 x' 和 x 的相关运算,通过傅里叶变换可以将相关运算转化成频域点积运算,提高计算效率。需要指出的是对于多通道特征图 x(如:relu3_4 有 256 个通道,relu4_4 和 relu5_4 分别有 512 个通道),假设图像的 C 个通道特征描述向量为 $x=[x_1,x_2,\cdots,x_C]$,则式(4.8)可以改写为:

$$k_{xx'} = \exp\left(-\frac{1}{\sigma^2}\left(\| x \|^2 + \| x' \|^2 - 2F^{-1}\left(\sum_{c=1}^{C} F^*(x_c)\odot F(x'_c)\right)\right)\right) \qquad (4.9)$$

根据表示定理[129],w 可以表示成 $\varphi(x_{m,n})$ 的线性组合:

$$w = \sum_{m=0}^{M-1} \sum_{n=0}^{N-1} \alpha(m,n)\varphi(x_{m,n}) \qquad (4.10)$$

将式(4.10)代入式(4.6)可解得系数 α:

$$\alpha = F^{-1}\left(\frac{F(y)}{F(k_{xx})+\lambda}\right) \qquad (4.11)$$

令

$$\begin{cases} A = F(\alpha) \\ K_{zx} = F(k_{zx}) \end{cases} \qquad (4.12)$$

跟踪过程就是在下一帧中以 $M\times N$ 的窗口来搜索一个图像块提取对应特征 z,并利用双线性差值将 z 变换到和 x 同样大小,计算响应

$$\hat{y} = F^{-1}(\hat{A}\odot K_{zx}) \qquad (4.13)$$

·利用 CNN 不同的中间层(如:relu3_4,relu4_4 或 relu5_4)特征分别利用式(4.6)设计独立的核相关滤波器,并利用式(4.13)对下一帧目标进行检测,计算每个相关滤波器

的响应,如图 4.4 所示,然后对不同层相关响应加权求和计算所有相关滤波器的协同响应,有

$$\hat{\boldsymbol{y}} = \sum_{l=1}^{3} \gamma_l \, \hat{\boldsymbol{y}}_l \qquad (4.14)$$

其中,γ_l 表示$\hat{\boldsymbol{y}}_l$ 的权重。计算所得响应值最大的位置即为目标在当前帧中的位置 p_t。

为了能够适应目标外观的变化,需要利用当前帧的观测数据对模型进行更新,其更新公式为:

$$\begin{cases} \hat{\boldsymbol{A}}_t = (1-\zeta)\hat{\boldsymbol{A}}_{t-1} + \zeta \boldsymbol{A}_t \\ \hat{\boldsymbol{x}}_t = (1-\zeta)\hat{\boldsymbol{x}}_{t-1} + \zeta \boldsymbol{x}_t \end{cases} \qquad (4.15)$$

其中,ζ 为学习率;$\hat{\boldsymbol{A}}_t$ 表示学习得到的目标外观模型系数;$\hat{\boldsymbol{x}}_t$ 表示学习得到的目标外观模板。

4.4 视频目标跟踪实验

为了评估所提算法的有效性,选择公开的视频数据集[5]对算法进行验证。本节首先评估了 VGG-19 网络不同层特征的跟踪性能,然后根据实验结果选择 relu3_4,relu4_4 和 relu5_4 层的输出特征图训练独立的相关滤波器,对目标进行协同跟踪。

4.4.1 参数设定

在普通 PC 机(Windows 7 系统,Inter i5-4690CPU,3.5 GHz,16 GB 内存)上基于 Matlab 平台实现所提算法。对于每一帧,在选取图像块 z 时扩展系数 $\rho=2.8$;分类器的训练过程中:标签函数 $y(m,n)$ 带宽 $\sigma_y=\sqrt{wh}/8$,其中,w 和 h 分别为目标的宽和高;正则化参数 $\lambda=10^{-4}$;核函数选择线性核 $\kappa(\boldsymbol{x},\boldsymbol{x}')=\boldsymbol{x}^{\mathrm{T}}\boldsymbol{x}'$;选择 relu3_4、relu4_4、relu5_4 层输出特征图训练相关滤波器进行协同跟踪,relu5_4、relu4_4、relu3_4 层响应的权重$[\gamma_1, \gamma_2, \gamma_3]$ 设置为$[1,0.65,0.01]$;模板更新过程中学习率 $\zeta=0.01$。在跟踪的过程中对于视频数据集中的所有序列均保持参数不变。评价指标选择平均中心位置误差(ACLE)、平均距离精度(ADP)、平均成功率(ASR)等常用指标,同时为了对比不同跟踪算法的跟踪性能,也选择距离精度曲线和成功率曲线作为评价指标。

4.4.2 单层卷积特征跟踪性能分析

为了评估不同卷积层特征的跟踪性能,本节利用4.3.2节算法分别对每一层特征图建立相关滤波器,并在公开的数据集上进行测试,记录每一层特征在公开数据集上的平均跟踪性能。表4-1中VGG-19网络中间层特征图共有37组(包括:16组卷积层、16组ReLU层和5组最大池化层),加上输入层标记为第0组,共得到38组实验结果,如图4.5所示。

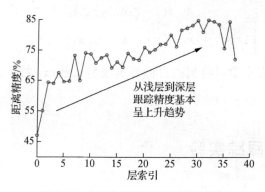

图4.5 单层特征平均距离精度对比

从图4.5可以看出,从浅层到深层,跟踪的距离精度基本呈上升趋势,其中从第25层到第36层的平均距离精度均在75%以上;第37层由于特征图的分辨率比较低引起距离精度的下降。从表4-1可以发现第37层特征图大小为7×7,只有原始图像的1/32,即便如此,最后一层的距离精度也达到了70%,这也说明深层特征对目标具有较强的表述能力。

从表4-1可以看出,5个最大池化层将卷积层和ReLU层分为6个部分,其中第38层以后的特征图退化为1×1,因此本章只考虑37层之前的卷积层和ReLU层,按照分辨率一共分为5组,从浅层到深层特征图大小分别为224×224、112×112、56×56、28×28、14×14,分别编号为conv1~conv5、relu1~relu5。表4-2列出了不同层特征平均跟踪性能,其中,conv代表16组卷积层特征的平均跟踪结果;relu代表16组ReLU层特征的平均跟踪结果;conv1~conv5分别对应5组卷积层特征的平均跟踪结果;relu1~relu5分别对应5组ReLU层特征的平均跟踪结果。

表 4-2　不同层平均跟踪性能对比表

评价指标	conv	relu	conv1	relu1	conv2	relu2	conv3	relu3	conv4	relu4	conv5	relu5
ACLE/像素	41.7	35.2	67.5	54.9	56.1	33.7	42	42.4	36.1	33.1	26.8	21.1
ADP/%	72.9	75.7	59.6	65.9	64.9	73.6	72.2	70.7	76	78.1	81	84.3
ASR/%	62.3	64.4	51.5	56.9	57	64.4	61.6	60	64	66.2	69.3	70.9

从表 4-2 可以看出,16 组 ReLU 层特征的平均跟踪结果(第 3 列)要优于 16 组卷积层特征的平均跟踪结果(第 2 列);对于 5 个分组,除了第 3 组(conv3 与 relu3)外,其余 4 组 ReLU 层特征对应的平均跟踪结果要明显优于对应卷积层特征的平均跟踪结果;卷积组从 conv1 到 conv5 的跟踪性能逐步提高,ReLU 组从 relu1 到 relu5 的跟踪性能波动上升。总的来说,深层特征的表现要优于浅层特征。

4.4.3　多跟踪器协同

4.4.2 节实验结果显示单层深度特征已经达到了较好的跟踪效果,但是还存在很大的提升空间。虽然深层特征图对目标的空间信息保留不如浅层特征丰富,但从跟踪的角度来考虑,由于深层特征图分辨率低,接近语义描述,因此深层特征也较浅层特征稳定,可以利用深层特征先确定目标的"大概区域",然后再利用较浅层特征在深层特征确定的"大概区域"内定位目标,即分别利用深层特征图和浅层特征建立目标跟踪器进行协同跟踪。

首先是特征图的选择,即跟踪器个数的确定。表 4-1 中 VGG-19 网络中间层特征图共有 37 组,而协同跟踪至少需要两个跟踪器,在仅选择两个跟踪器协同的情况下,需要选择两组中间层特征 $C_{37}^2 = \dfrac{37 \times 36}{2!} = 666$,就有 666 种不同的组合,而从这些组合中选出最优的组合又需要大量的实验。如果要考虑两个以上跟踪器协同的情况,无论是计算开销还是时间开销都很高,因此,这种枚举的方法虽然能找到最好的结果但是并不合适。通过上节的分析发现,总体来说深层特征的表现要强于浅层特征,ReLU 组整体的平均跟踪性能优于卷积组,为了兼顾不同的分辨率,本节首先选择 ReLU 5 个分组中每组的最后一层输出,即 relu1_2、relu2_2、relu3_4、relu4_4 与 relu5_4 的输出作为候选特征,然后利用由深层到浅层的顺序调节权重 γ。

权重 γ 的调节确定过程。本节协同跟踪策略是先用深层特征对目标进行跟踪,确定目标的"大概区域",然后再利用较浅层特征在"大概区域"内定位目标。根据此策略,本节设置不同层权重从深层到浅层逐渐降低,这就使得权重的调节变得简单高效。本节先固定 relu5_4 层权重为 $\gamma_1 = 1$,调节 relu4_4 层的权重 γ_2,$\gamma_2 \in [0,1]$,γ_2 取不同值时的距离精度如图 4.6 所示。

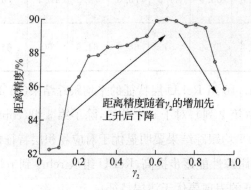

图 4.6 γ_2 取不同值时的距离精度

从图 4.6 可以看出,relu4_4 层的权重 $\gamma_2 < 0.65$ 时,随着 γ_2 的增加跟踪性能均呈上升趋势,当 $\gamma_2 > 0.65$ 时,随着 γ_2 的增加系统性能下降,当 relu4_4 层的权重 $\gamma_2 = 0.65$ 时,系统跟踪性能最好。综合以上分析本节选取 relu4_4 层的权重 $\gamma_2 = 0.65$。

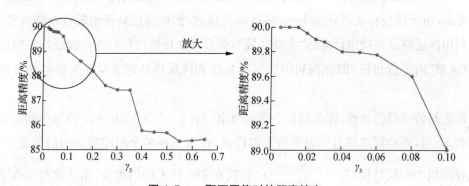

图 4.7 γ_3 取不同值时的距离精度

固定 relu5_4 层权重 $\gamma_1 = 1$,relu4_4 层权重 $\gamma_2 = 0.65$,调节 relu3_4 层的权重 γ_3,$\gamma_3 \in [0,0.65]$,γ_3 取不同值时的距离精度如图 4.7 所示。从图 4.7 可以看出,系统性能随着 relu3_4 层的权重 γ_3 的增加而下降;局部放大显示,当 relu3_4 层的权重 $\gamma_3 \in [0.005,0.015]$ 时,系统跟踪性能最好。综合以上分析本节选取 relu3_4 层的权重 $\gamma_3 =$

0.01,同时需要指出的是,利用relu3_4层特征建立的跟踪器由于权重已经降为0.01,此时如果再增加跟踪器的个数,如利用候选的relu2_2层输出建立相关跟踪器,按照前文的权重调解策略,relu2_2层权重$\gamma_4 \ll 0.01$。relu2_2层权重γ_4相对于relu5_4层权重γ_1已经很小,不会对跟踪结果产生实质的影响,因此本章只选择了relu3_4、relu4_4和relu5_4的输出特征图来建立相关跟踪器对目标协同跟踪,如图4.4所示。

4.4.4 算法对比分析

通过前文分析,本章只选择了relu3_4、relu4_4和relu5_4的输出特征图来建立跟踪器对目标进行协同跟踪,该算法虽然不一定实现最佳的组合,但该方法在一定程度上也是较优的方案。为了更好地评估算法的有效性以及对比算法的跟踪性能,除了基准算法KCF[110]外,本节还选取了其他10种跟踪方CN[118]、CSK[109]、DSST[117]、HCFT[122]、PCOM[88]、RPT[113]、SAMF[121]、SRDCF[112]、Struck[104]和TGPR[130],利用文献作者公布的原始代码和本章提出的协同跟踪(Cooperative Tracker, CoT)算法在同样的实验条件下作对比实验,分别记录中心位置误差CLE、成功率SR、距离精度DP和每秒处理帧数FPS。表4-3对比了每种方法的整体跟踪性能,跟踪结果用50段视频跟踪结果的平均值来表示,每个指标最好、次好、第三的结果进行了"加粗""斜体加粗""下划线"处理,表格从左到右按照平均距离精度ADP进行降序排列。表4-4是CoT算法和11种跟踪方法在每段视频上距离精度DP的对比。

表4-3 CoT算法与其他算法在50段视频上平均跟踪性能对比

评价指标	CoT	HCFT	SRDCF	RPT	SAMF	DSST	TGPR	KCF	Struck	CN	CSK	PCOM
ACLE /像素	**15**	*15.7*	35.1	36.5	<u>28.4</u>	40.9	45.8	35.4	54.3	64.1	88.8	78
ASR /%	*74.7*	<u>74</u>	**78.4**	71.2	73.3	67.4	66.6	62.4	54.3	51.7	44.4	42.5
ADP /%	**90**	**89.1**	<u>83.8</u>	81.4	79	74.3	74.3	74.3	64.1	63.7	54.9	50
平均速度 /FPS	1.3	1.3	7.8	5.2	25.1	49.2	0.7	*300*	9.5	<u>260</u>	**409**	24.3

从表4-3可以看出,相对于其他方法,本章提出的CoT算法在ACLE和ADP两个

评价指标上都达到了最好的性能,ASR 排在第二位,需要指出的是 CoT 算法由于利用了 CNN 提取特征,因此算法的效率并不高,平均跟踪速度约为 1.3 FPS。表 4-4 列出了 CoT 算法和其他 11 种跟踪方法在每段视频上的距离精度①,其中本章所提出的 CoT 算法在 50 段视频上整体性能优于其他方法。

表 4-4 CoT 算法与其他算法在每段视频上距离精度 DP 对比表(%)

Sequences	CoT	HCFT	SRDCF	RPT	SAMF	DSST	TGPR	KCF	Struck	CN	CSK	PCOM
Basketball	100	100	99.59	94.21	98.76	82.34	98.9	92.28	21.79	99.86	100	58.34
Bolt	100	100	1.71	1.71	100	100	3.14	98.86	2	100	3.71	1.71
Boy	100	100	100	100	100	100	100	100	100	99.83	84.39	44.02
Car4	100	99.7	100	98.63	100	100	100	95.3	99.54	35.05	35.81	100
CarDark	100	100	100	100	100	100	100	100	100	100	100	100
CarScale	73.02	63.49	77.78	80.56	84.13	75.79	74.6	80.56	64.29	72.22	65.08	64.68
Coke	96.22	96.22	81.79	95.88	93.47	93.13	96.22	84.54	95.53	61.51	89.69	4.81
Couple	91.43	92.14	100	67.86	54.29	10.71	32.14	25.71	83.57	10.71	8.57	10.71
Crossing	100	100	100	100	100	100	98.33	100	39.17	100	100	100
David	100	100	100	100	100	100	99.36	100	32.27	100	51.17	100
David2	100	100	100	100	100	100	100	100	100	100	100	100
David3	100	100	100	100	100	60.71	99.6	100	33.73	90.48	65.87	75.4
Deer	100	100	100	100	88.73	78.87	100	81.69	100	100	100	2.82
Dog1	99.78	100	100	100	99.93	100	100	100	99.78	100	100	96.37
Doll	97.7	97.86	99.28	98.68	99.33	99.3	97.47	96.62	92.05	97.44	58.32	98.89
Dudek	89.08	89.43	83.32	84.45	92.23	81.83	80.09	87.51	90.74	78.6	80.79	88.38
FaceOcc1	60.43	62.22	82.96	69.73	93.27	91.82	82.96	75.67	61.21	89.35	95.85	69.39
FaceOcc2	99.75	99.38	84.11	99.14	89.53	99.88	99.75	96.55	100	62.32	100	80.54
Fish	100	100	100	100	100	100	100	100	100	39.92	4.2	76.47
FleetFace	59.26	58.84	59.69	56.72	63.65	62.38	49.79	46.39	60.25	57.14	57.85	54.31
Football	100	100	100	80.11	79.56	79.83	100	79.56	75.14	79.83	79.83	60.5

① Jogging1 和 Jogging2 为同一段视频的两个独立目标。

续表

Sequences	CoT	HCFT	SRDCF	RPT	SAMF	DSST	TGPR	KCF	Struck	CN	CSK	PCOM
Football1	100	100	78.38	93.24	91.89	95.95	98.65	95.95	72.97	89.19	75.68	72.97
Freeman1	97.85	97.85	94.79	97.55	44.48	38.34	99.39	40.18	78.83	41.72	55.52	98.47
Freeman3	91.52	81.09	100	100	88.04	90.87	16.96	91.09	76.74	83.26	57.17	100
Freeman4	94.7	94.35	99.65	89.4	87.99	95.76	27.21	51.94	37.1	26.15	18.73	28.27
Girl	100	100	99.2	92.8	100	92.8	89.6	86.4	64	86.4	55.4	63.6
Ironman	65.66	65.06	3.01	19.28	16.87	15.06	12.05	21.69	7.23	14.46	13.25	4.82
Jogging1	97.39	97.39	97.39	23.13	97.72	23.13	22.8	23.45	23.13	23.78	22.8	23.13
Jogging2	100	100	99.67	17.92	100	18.57	99.67	16.29	18.57	18.57	18.57	19.54
Jumping	100	100	100	100	31.31	5.11	99.36	33.87	100	5.11	5.11	21.09
Lemming	26.65	25.75	32.26	53.44	94.99	42.96	27.17	48.73	63.7	30.76	43.56	16.92
Liquor	81.45	81.56	98.22	55.49	68.98	40.44	35.38	97.65	40.55	20.1	22.29	33.54
Matrix	66	62	37	44	37	18	11	17	11	1	1	14
Mhyang	100	100	100	100	100	100	100	100	100	96.64	100	100
MotorRolling	95.73	94.51	4.27	4.88	4.27	4.88	11.59	4.88	11.59	4.88	4.27	4.27
MountainBike	100	100	100	100	100	100	100	100	94.3	100	100	35.53
Shaking	86.85	86.85	1.37	98.9	2.74	100	93.15	1.92	16.44	69.86	59.45	1.1
Singer1	99.43	100	100	99.72	100	100	21.08	82.34	66.1	96.58	74.36	98.01
Singer2	3.55	4.1	97.27	91.8	3.55	100	98.09	94.81	3.55	3.55	3.55	3.55
Skating1	100	100	89.75	100	100	97.5	87.5	100	51	100	98.5	13.75
Skiing	100	98.77	7.41	13.58	7.41	13.58	13.58	7.41	3.7	13.58	9.88	11.11
Soccer	88.52	79.59	93.37	93.88	20.15	68.37	14.03	79.08	16.07	96.68	13.52	18.37
Subway	100	100	100	100	100	25.71	100	100	98.29	24.57	24.57	22.29
Suv	97.88	97.88	97.46	97.99	97.78	97.78	52.59	97.88	49.84	52.8	56.83	45.93
Sylvester	98.51	85.2	84.46	97.92	84.31	84.24	95.54	84.31	99.41	92.94	92.34	45.13
Tiger1	82.2	85.59	97.46	97.74	68.93	80.51	95.76	98.02	73.16	80.23	25.99	6.78

Sequences	CoT	HCFT	SRDCF	RPT	SAMF	DSST	TGPR	KCF	Struck	CN	CSK	PCOM
Tiger2	56.71	55.62	93.97	82.47	50.41	30.14	73.97	36.44	69.86	64.11	10.96	6.58
Trellis	100	100	100	100	100	100	99.3	100	84.71	68.89	82.78	40.6
Walking	100	100	100	100	100	100	100	100	100	100	100	100
Walking2	100	100	100	66.8	100	100	90.4	43.4	87.6	42.4	46	100
Woman	93.8	93.97	98.83	93.8	93.8	93.8	93.63	93.8	100	24.96	24.96	13.9
平均DP	**90**	**89.1**	**83.8**	**81.4**	**79**	**74.3**	**74.3**	**74.3**	**64.1**	**63.7**	**54.9**	**50**

图 4.8 对比了 CoT 算法与其他算法的距离精度曲线和成功率曲线。距离精度曲线表示中心误差阈值取不同值时的距离精度,图 4.8(a)所示图例中的数值代表每种方法在中心误差阈值取 20 个像素时的距离精度值,距离精度曲线反映了跟踪算法对目标中心的定位精度;成功率曲线表示重叠率阈值取不同值时成功率,图 4.8(b)所示图例中的数值代表每种方法成功率曲线与坐标轴围成的区域面积(Area Under the Curve,AUC),成功率曲线反映了跟踪算法的重叠精度。从图 4.8 可以看出,CoT 方法获得了最好的距离精度和次好的成功率,和基准算法 KCF 相比,CoT 算法的 AUC 提高了 9.8 个百分点。

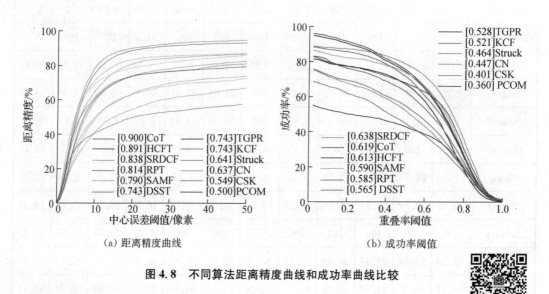

(a) 距离精度曲线　　　　　　　　(b) 成功率阈值

图 4.8　不同算法距离精度曲线和成功率曲线比较

图 4.9 不同方法的跟踪效果

　　为了更加直观地显示跟踪结果,图 4.9 列出了 CoT 算法和 SRDCF、KCF 算法在 10 段视频上的部分跟踪结果。从图 4.9 可以看出,CoT 算法能够较准确地定位目标位置,但是由于 CoT 算法没有加入尺度处理步骤,因此对尺度变化较大的目标(图 4.9(a)和图 4.9(j))虽然也能够较准确地定位目标,跟踪效果却明显要比 SRDCF 差,这也和表 4-3 及图 4.8 所显示的结果一致:CoT 算法具有较高的定位精度,在 ADP 和 ACLE 两个指标都达到了很好的结果,但 CoT 算法的 ASR 却低于 SRDCF。图 4.9(g)中,本章所提出的 CoT 算法出现了跟踪漂移,但是利用 HOG 特征的 SRDCF 或 KCF 均实现了较好的跟踪。分析原因:图 4.9(g)中的目标灰度值很低,实际上第一帧图像所标注目标的平均灰度值 $\Gamma < 40, \Gamma \in [0, 255]$,从语义层面来描述就是目标"太黑"了,对于此类"太黑"的目标,CNN 所提取的特征并不能很好地描述目标,但是 HOG 特征由于包含了丰富的纹理以及边缘信息,因此能够较好地描述目标。

4.5　本章小结

特征提取是视频目标跟踪的关键环节,所提视觉特征对目标外观描述能力的好坏直接影响着跟踪的性能。对于复杂场景下的目标跟踪问题,利用传统特征往往不能达到满意的跟踪效果,本章利用迁移学习机制,将 CNN 引入到相关滤波跟踪框架,利用 CNN 中间层特征建立协同跟踪器,设计并实现了协同跟踪器对特征的选择以及对权重的快速调节,大量的定性和定量的实验说明本章算法有效克服了单一卷积层特征的不足,获得了良好的跟踪性能。

同时,在实验中也发现了本章算法的两个明显的不足:一是算法没有对目标尺度进行处理,虽然算法具有很高的定位精度,但跟踪的重叠精度和成功率还有很大的提高空间;二是算法对于"太黑"的目标容易发生跟踪漂移、目标丢失的现象,跟踪效果甚至不如一般的传统特征。下一章将重点讨论这两个问题,将尺度估计引入跟踪框架,在此基础上考虑将深度卷积特征和传统特征相结合的策略,提升算法对"黑"目标的跟踪性能。

第五章　基于特征融合与协同的目标跟踪方法

5.1　引言

特征对目标的描述能力直接影响着跟踪的性能,复杂环境下如何提取有效的视觉特征,进而实现鲁棒的目标跟踪一直是目标跟踪领域的研究难点。由于目标所处的场景复杂多变,而且难以预测,比如:姿态、形状以及尺度变化会造成被跟踪目标外观在不同帧中存在较大的差异;光照通常会引起被跟踪目标外观的明暗变化以及带来不可预知的阴影;遮挡会造成目标外观的不完整或给目标区域引入背景干扰。因此,复杂环境下使用单一的固定特征对目标进行描述无法适应场景和目标的动态变化,此时可采用多特征融合的策略来处理上述问题[121]。基于多特征融合的目标跟踪也被称为多线索目标跟踪,即同时将多个具有一定互补性的视觉特征引入目标跟踪框架,通过特征融合提高目标模型的表述能力,当场景发生变化,基于某个特征建立的目标模型失效时,利用具有一定互补性的其他特征建立的目标模型,依然可以有效地描述跟踪目标。理论上来说只要融合后的特征对目标的表述足够全面,就能实现复杂环境下的鲁棒跟踪。

本章针对单一特征对目标表述能力较弱、跟踪效果不理想的问题,分析了多特征融合的优点与可行性,提出了一种基于多特征融合的相关滤波跟踪算法,对比了不同颜色特征的跟踪性能;同时为使算法能兼顾卷积特征和传统特征的优点,研究了深度特征与传统特征的互补策略,在多层卷积特征协同跟踪算法的基础上,利用所提多特征融合方法设计并实现目标回溯法,通过回溯实现了对协同跟踪结果的确认验证,进而提高跟踪算法的鲁棒性;最后引入尺度估计方法实现了尺度自适应协同跟踪。

5.2 多特征融合相关滤波跟踪算法

5.2.1 可行性分析

特征提取是视频目标跟踪的关键环节,视觉特征对目标外观的表述能力直接影响着跟踪器的性能。由于成像技术和计算机硬件的限制,早期的视频图像以单色(灰度)图像为主,视觉特征主要是基于单色图像提取,其中灰度特征和直方图特征是最为常用的视觉特征[153]。对于单色图像来说,可以直接将像素值所组成的二维矩阵作为图像特征,即为灰度特征,灰度特征也是对图像最简单、最直观的描述,灰度特征广泛应用于视频图像处理与目标跟踪。方向梯度直方图(Histogram of Oriented Gradient,HOG)特征是视频目标跟踪中应用最广泛的直方图特征,由于 HOG 是在图像的局部胞元上操作,所以它对图像几何和光照的变化都能保持很好的不变性。早期 Dalal 等人提出的 HOG 特征适用于行人检测识别[43],后来 Felzenszwalb 等人在基于部件模型的目标检测中对 HOG 特征进行了改进,采用 31 通道 HOG 作为目标特征描述[154]。近年来,一些研究者[110]为了提高视频目标跟踪的性能,将 HOG 特征引入相关滤波跟踪中获得了相比灰度特征更好的跟踪性能。

伴随着成像技术的日趋成熟,以及计算机硬件的发展,使得实时存储、处理彩色视频成为现实,这也对彩色视频的目标跟踪提出了新的需求。经典的相关滤波目标跟踪算法直接利用单通道灰度特征[109]、多通道 HOG 特征[110,112]对目标进行描述,对于简单场景下的目标跟踪问题,利用这些特征能够实现较鲁棒的跟踪效果,但是该类跟踪方法均是直接在灰度图像上提取视觉特征,进而忽略了视频帧的颜色信息,这也限制了该类方法的跟踪精度。复杂场景下,由于目标所处的场景复杂多变,而且难以预测,使用单一的固定特征对目标进行描述无法适应场景以及目标的动态变化,难以达到满意的跟踪效果。由于不同特征对不同场景下目标的泛化能力不同,而在线分析目标所处的特定场景并根据场景提取适应该场景的特征又显得过于烦琐且不现实。多特征融合则是将提取的不同特征进行融合后作为目标外观描述符,利用多特征融合策略可以将多个具有一定互补性的视觉特征同时引入目标跟踪框架,提高目标模型的表述能力。当场景发生变化,基于某个特征建立的目标模型失效时,利用具有一定互补性的其他特征建立的目标模型,依然可以有效地描述跟踪目标。因此,利用多特征融合既能有效提高复杂环境下目标跟踪的鲁棒性,又免去了在线分析目标所处的特定场景以及提取适应该场景的特征的烦琐步骤。颜色作为图像内容组成的基本要素,是描述彩色图像目标的一个重要特征,是人识别目标图像的主要感知特征之一,而且与其他视觉特征相比,颜色特征对平移、尺度、旋转不敏感,鲁棒性较强,因此本章将颜色特征引入相关滤波跟踪框架与传统单通道灰度特征、多通道 HOG 特征进行融合来提高特征对目标的描述能力。计算机视觉领域常用的颜色特征空间包括:RGB、HSI、HSV、YUV、YCbCr、单色以及 Lab 等。

从算法可行性来看,相关滤波的目标跟踪算法所提取的特征,每个通道均以实矩阵的形式出现,因此可以直接将其他二维特征(如颜色特征)引入相关滤波跟踪框架,来提高特征对目标的描述能力,进而提高跟踪器的性能。

5.2.2　算法实现

基于相关滤波的目标跟踪算法将目标跟踪看作一个回归问题,对于给定的目标图像,该类算法将所有循环移位图像块,看作训练样本,提取对应的特征图向量通过最小均方误差训练线性分类器,引入核函数在核岭回归框架下将模型求解和目标检测均可以转化成频域点积运算,提高目标跟踪速度。本节利用核岭回归设计多特征融合目标跟踪算法框架,可以将多种视觉特征融合实现对目标外观更好的描述,进而利用特征融合的优势来实现更加鲁棒的跟踪。

假设当前帧为第 t 帧,以目标为中心,选取目标及其周围一定范围内的矩形区域图像块 z 来训练线性分类器,假设选取图像区域大小为 $M \times N$,其中,$M \times N = \beta w \times \beta h$,$w$ 和 h 分别为目标的宽和高,β 为扩展系数,将 z 的所有循环移位图像块 $z_{m,n}$,$(m,n) \in \{0, \cdots, M-1\} \times \{0, \cdots, N-1\}$,看作训练样本,提取对应的原始灰度像素值(Gray Values)特征、HOG 特征和颜色特征,将每种特征分别归一化后进行特征融合,得到多通道特征图向量 $x_{m,n}$,将 $x_{m,n}$ 看作训练样本,对应的标签数据 $y(m,n)$ 用一个高斯函数来描述,可表示为:

$$y(m,n) = \exp\left(-\frac{|m-M/2|^2 + |n-N/2|^2}{2\sigma_y^2}\right) \tag{5.1}$$

其中,σ_y 为高斯函数带宽参数。

利用核函数 $\varphi(\cdot)$ 将训练样本向量 $x_{m,n}$ 映射到一个高维的线性特征空间,在高维空间构造线性分类器 $f(x) = \langle w, \varphi(x) \rangle$,在最小均方条件下,分类器的训练为:

$$w = \underset{w}{\arg\min} \sum_{m=0}^{M-1} \sum_{n=0}^{N-1} \| \langle \varphi(x_{m,n}), w \rangle - y(m,n) \|^2 + \lambda \| w \|^2 \tag{5.2}$$

其中,$\lambda \geq 0$,为正则化参数,核内积空间 κ 满足

$$k_{xx}(m,n)=\kappa(x_{m,n},x)=\langle\varphi(x_{m,n}),\varphi(x)\rangle \tag{5.3}$$

本章采用高斯核函数

$$\kappa(x,x')=\exp\left(-\frac{\|x-x'\|^2}{\sigma^2}\right) \tag{5.4}$$

其中，σ 为高斯核函数带宽参数。对于所有的循环移位 $x_{m,n}$，核 κ 的输出可由式(5.5)给出：

$$k_{xx'}=\exp\left(-\frac{1}{\sigma^2}\left(\|x\|^2+\|x'\|^2-2F^{-1}(F(x)\odot F^*(x'))\right)\right) \tag{5.5}$$

其中，$\odot$ 表示元素点积；$F^{-1}(F(x)\odot F^*(x'))$ 表示 x' 和 x 的相关运算，通过傅里叶变换将相关运算转化成频域点积运算，进而提高计算效率。需要指出的是对于多通道特征图 x（如：归一化之后的 HSI、灰度和 HOG 特征进行融合则得到 35 通道的特征图），假设图像的 C 个通道特征描述向量为 $x=[x_1,x_2,\cdots,x_C]$，则式(5.5)可以改写为：

$$k_{xx'}=\exp\left(-\frac{1}{\sigma^2}\left(\|x\|^2+\|x'\|^2-2F^{-1}\left(\sum_{c=1}^{C}F^*(x_c)\odot F(x'_c)\right)\right)\right) \tag{5.6}$$

根据表示定理[129]，w 可以表示成 $\varphi(x_{m,n})$ 的线性组合：

$$w=\sum_{m=0}^{M-1}\sum_{n=0}^{N-1}\alpha(m,n)\varphi(x_{m,n}) \tag{5.7}$$

将式(5.7)代入式(5.2)可解得系数 α：

$$\alpha=F^{-1}\left(\frac{F(y)}{F(k_{xx})+\lambda}\right) \tag{5.8}$$

令

$$\begin{cases}A=F(\alpha)\\K_{zx}=F(k_{zx})\end{cases} \tag{5.9}$$

跟踪过程就是在下一帧中以 $M\times N$ 的窗口来搜索一个图像块，提取对应特征分别归一化后进行特征融合得到特征图 z，计算响应

$$\hat{y}=F^{-1}(\hat{A}\odot K_{zx}) \tag{5.10}$$

计算所得响应最大值 $\max(\hat{y})$ 的位置即为目标在当前帧中的位置 p_t。多特征融合相关滤波目标跟踪示意图如图 5.1 所示。

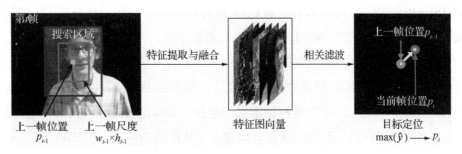

图 5.1　多特征融合相关滤波跟踪框图

为了能够适应目标外观的变化,需要利用当前帧的观测数据对模型进行更新,其更新公式为:

$$\begin{cases} \hat{\boldsymbol{A}}_t = (1-\eta)\hat{\boldsymbol{A}}_{t-1} + \eta\boldsymbol{A}_t \\ \hat{\boldsymbol{x}}_t = (1-\eta)\hat{\boldsymbol{x}}_{t-1} + \eta\boldsymbol{z}_t \end{cases} \tag{5.11}$$

其中,η 为学习率;$\hat{\boldsymbol{A}}_t$ 表示学习得到的目标外观模型系数;$\hat{\boldsymbol{x}}_t$ 表示学习得到的目标外观模板;$\boldsymbol{z}_t$ 为当前帧的观测数据。

5.3　多特征融合目标跟踪实验

为了评估所提方法的有效性,选取公开的彩色[5]视频数据集(35 段共计 18 281 帧),对算法进行测试,并对比分析单特征的跟踪性能和多特征融合的跟踪性能。

5.3.1　参数设定

在普通 PC 机(Windows 7 系统,Inter i5 – 4690CPU,3.5GHz,16GB 内存)上基于 Matlab 平台实现所提算法。对于每一帧,在选取图像块 z 时扩展系数 $\beta=2.5$;提取 HOG 特征时,每个单元格的大小为 4×4 个像素;分类器的训练过程中:标签函数 $y(m,n)$ 带宽 $\sigma_y=0.1\times\sqrt{wh}$,其中,$w$ 和 h 分别为目标的宽和高;正则化参数 $\lambda=10^{-4}$;高斯核函数宽度 $\sigma=0.5$;模板更新过程中学习率 $\eta=0.01$。在跟踪的过程中对于视频数据集中的所有序列均保持参数不变。评价指标选择 35 段视频跟踪结果的平均中心位置误差(ACLE)、平均距离精度(ADP)、平均成功率(ASR)。

5.3.2　不同颜色特征跟踪性能分析

为了评估单一颜色特征对跟踪性能的影响,本节分别选择不同的颜色特征(包括:

RGB、HSI、HSV、YUV、YCbCr、Lab 和 CNs)进行目标跟踪实验,对比分析了不同颜色特征的跟踪结果。首先对所用颜色特征空间进行简单介绍。

RGB 颜色空间。RGB 颜色空间是计算机显示设备中最常使用的颜色表示模式,其他颜色空间可以通过 RGB 颜色空间线性或非线性转换得到。RGB 颜色空间是用红(Red)、绿(Green)和蓝(Blue)为坐标轴定义的单位立方体,坐标原点(0,0,0)表示黑色,坐标点(1,1,1)表示白色。不同的颜色对应着立方体中的唯一点,用(R,G,B)三个参数来表示,为了方便计算机存储,常常将 R、G、B 的值指定在 0~255 范围内取整数,此时对于图像中每个像素点只需要 3 个 8 位二进制数来存储。

HSI 颜色空间。HSI 颜色空间是用色调(Hue)、饱和度(Saturation)和亮度(Intensity)来描述颜色,该颜色空间是从人的视觉系统出发而设计的一种比较自然且直观的颜色模型。从 RGB 到 HSI 的变换是非线性的,给定一幅 RGB 颜色空间图像的像素值(R,G,B),$R,G,B \in [0,1]$,则将(R,G,B)转换到 HSI 空间,色调 H、饱和度 S 和亮度 I 可由式(5.12)得到:

$$\begin{cases} H = \begin{cases} \theta, & B \leqslant G \\ 360° - \theta, & B > G \end{cases} \\ S = 1 - \dfrac{3}{R+G+B}\min(R,G,B) \\ I = \dfrac{1}{3}(R+G+B) \end{cases} \tag{5.12}$$

其中,

$$\theta = \arccos\left\{ \frac{\frac{1}{2}[(R-G)+(R-B)]}{[(R-G)^2+(R-B)(G-B)]^{\frac{1}{2}}} \right\} \tag{5.13}$$

HSI 颜色空间中 H 的取值范围在 0~360°,可以将色调 H 的值除以 360°归一化为[0,1]范围内,当 $R,G,B \in [0,1]$ 时,S 和 I 也在[0,1]区间范围内。

HSV 颜色空间。HSV 颜色空间是用色调(Hue)、饱和度(Saturation)和明度(Value)来描述颜色,该颜色空间在视频图像处理中得到了广泛使用。HSV 颜色空间中,色调 H 的取值范围在 0~360°;饱和度 S 的取值范围在[0,1],表示颜色的深浅,均与 HSI 空间类似,但定义不同;明度 V 是颜色的明暗程度,取值范围也在[0,1],从 0 到 1 对应着从黑到白。HSV 可由 RGB 经过非线性变换得到,给定一幅 RGB 颜色空间图像的像素值(R,G,B),$R,G,B \in [0,1]$,则转换到 HSV 空间的 H,S,V 值计算由式(5.14)给出:

$$H=\begin{cases} 60 \cdot (G-B)/E, & R \geqslant G \geqslant B \\ 360+60 \cdot (G-B)/E, & R \geqslant B \geqslant G \\ 120+60 \cdot (B-R)/E, & G=\max(R,G,B) \\ 240+60 \cdot (R-G)/E, & B=\max(R,G,B) \end{cases}$$
$$S=\frac{E}{\max(R,G,B)}$$
$$V=\max(R,G,B)$$
(5.14)

其中，

$$E=\max(R,G,B)-\min(R,G,B) \tag{5.15}$$

注意：在 RGB 颜色空间到 HSV 颜色空间转换的过程中，当 $R=G=B$ 时，$E=0$，此时，定义 $H=S=0$，$V=R/255$。

YUV 颜色空间。YUV 颜色模型广泛应用于 PAL(Phase-Alternative Line)制式的电视系统，Y 代表亮度信号，U 和 V 则是两个色差信号。RGB 颜色空间则转换到 YUV 空间，Y、U 和 V 的值由式(5.16)计算给出：

$$\begin{bmatrix} Y \\ U \\ V \end{bmatrix} = \begin{bmatrix} 0.299 & 0.587 & 0.114 \\ -0.147 & -0.289 & 0.436 \\ 0.615 & -0.515 & -0.100 \end{bmatrix} \begin{bmatrix} R \\ G \\ B \end{bmatrix} \tag{5.16}$$

由 YUV 颜色空间转化成 RGB 颜色空间，只要进行相关逆运算即可。如果只保留 YUV 空间的 Y 分量则相当于将 RGB 图像转换成灰度(Gray)图像。

YCbCr 颜色空间。YCbCr 颜色空间是 YUV 颜色空间经过缩放和偏移后的变体，YCbCr 颜色空间也是使用 Y 表示亮度分量，Cb 和 Cr 分别表示两种色度信号。YCbCr 颜色空间与 RGB 颜色空间的转换关系如式(5.17)：

$$\begin{bmatrix} Y \\ Cb \\ Cr \end{bmatrix} = \begin{bmatrix} 0.299 & 0.587 & 0.114 \\ -0.1687 & -0.3313 & 0.5 \\ 0.5 & -0.4187 & -0.0813 \end{bmatrix} \begin{bmatrix} R \\ G \\ B \end{bmatrix} \tag{5.17}$$

当 $R,G,B \in [0,1]$ 时，Y 分量的范围为 $[0,1]$，Cb 和 Cr 分量的范围均为 $[-0.5, 0.5]$，YCbCr 颜色空间的三个分量均可以用 8 位二进制数表示，进而可以减少数据储存空间和传输带宽，YCbCr 模型更加适用于计算机显示器。

Lab 颜色空间。Lab 颜色空间接近人类视觉，即人感知到的两种颜色的差异与这两种颜色在颜色空间的距离成正比，因此 Lab 颜色空间是均匀颜色空间模型。RGB 颜色空间所描述的色彩信息均能映射到 Lab 颜色空间，其中 L 为亮度，a 和 b 分别为两色差分量。给定 RGB 颜色空间三通道色彩分量 R、G、B，$R,G,B\in[0,1]$，首先通过一 Gamma 校正函数将 R、G、B 进行分段线性变换，得到 R'、G'、B'。典型的 Gamma 校正函数为[①]：

$$\text{Gamma}(x)=\begin{cases}4.5318x, & x<0.018\\ 1.099\cdot x^{0.45}-0.099, & x\geqslant0.018\end{cases} \tag{5.18}$$

然后将 R'、G'、B' 线性变换为 X、Y、Z，

$$\begin{bmatrix}X\\Y\\Z\end{bmatrix}=\begin{bmatrix}0.412\,5, & 0.357\,6, & 0.180\,5\\ 0.212\,6, & 0.715\,2, & 0.072\,2\\ 0.0193, & 0.1192, & 0.9505\end{bmatrix}\begin{bmatrix}R'\\G'\\B'\end{bmatrix} \tag{5.19}$$

当 $R,G,B\in[0,1]$ 时，$R',G',B'\in[0,1]$，$X\in[0,0.950\,6]$，$Y\in[0,1]$，$Z\in[0,1.089]$，将 X、Y、Z 归一化

$$\begin{bmatrix}X'\\Y'\\Z'\end{bmatrix}=\begin{bmatrix}1/0.9506 & 0 & 0\\ 0 & 1 & 0\\ 0 & 0 & 1/1.089\end{bmatrix}\begin{bmatrix}X\\Y\\Z\end{bmatrix} \tag{5.20}$$

则

$$\begin{cases}L=116f(Y')-16\\ a=500(f(X')-f(Y'))\\ b=200(f(Y')-f(Z'))\end{cases} \tag{5.21}$$

其中

$$f(x)=\begin{cases}x^{1/3}, & x>0.008\,856\\ 7.787x+\dfrac{4}{29}, & x\leqslant0.008\,856\end{cases} \tag{5.22}$$

此外，有研究者通过大量的 RGB 实例图片学习得到颜色属性空间[119]，也被称为 CNs(Color Names)颜色属性，是利用大量的图片训练得到的一个转换矩阵，可以将 RGB 颜色空间的三通道的颜色信息映射到 11 维的语义颜色空间：黑色(Black)、蓝色(Blue)、棕色(Brown)、灰色(Grey)、绿色(Green)、橙色(Orange)、品红(Pink)、紫色(Purple)、红色(Red)、白色(White)和黄色(Yellow)，每一维度上的数值代表对应颜色名称的颜色分量的大小。

---

① Gamma 校正函数并不唯一。

分别选择 Gray 特征、HOG 特征、颜色特征进行目标跟踪实验,实验结果如表 5-1 所示。从表 5-1 可以看出,单独使用 HOG 特征在该数据集上取得了最优的跟踪性能;单独选择颜色特征除了 YUV 颜色空间相对于 Gray 性能较低外,其他颜色特征的跟踪性能均明显优于单独使用 Gray 特征。表 5-1 验证了 HOG 特征对目标外观良好的描述能力,同时也说明颜色特征也均具有较好的目标外观描述能力,因此,5.2 节将 Gray 特征、HOG 特征和颜色特征进行融合作为目标外观描述符来提高特征表述能力的方案是可行的。

表 5-1 单特征相关滤波跟踪算法在 35 段视频上平均跟踪性能

评价指标	灰度特征		颜色特征						
	Gray	HOG	CNs	HSI	HSV	Lab	RGB	YCbCr	YUV
ACLE/像素	89.2	42.1	52.4	60.5	54.1	64.0	80.7	76.9	85.7
ADP/%	50.4	71.8	68.2	53.1	62.8	56.0	53.6	54.4	48.3
ASR/%	41.1	60.5	59.4	44.9	54.5	49.1	46.8	47.5	40.9

5.3.3 多特征融合跟踪结果对比

为了评估融合不同颜色特征时跟踪算法的性能,本节将不同颜色特征和 Gray 特征及 HOG 特征引入 5.2 节所设计的目标跟踪算法,分别在融合不同颜色特征的条件下对算法进行测试,涉及如表 5-2 所示 7 组实验。表 5-2 不仅列出了 7 组实验的平均中心位置误差(ACLE)、平均距离精度(ADP)和平均成功率(ASR),而且列出了每组目标跟踪实验的平均跟踪速度。

表 5-2 多特征融合相关滤波跟踪算法在 35 段视频上平均跟踪性能

评价指标	Gray + HOG + 颜色特征						
	CNs	HSI	HSV	Lab	RGB	YCbCr	YUV
ACLE/像素	37.7	37.6	37.9	37.7	44.8	41.6	54.4
ADP/%	73.9	74.5	73.9	72.9	71.7	73.8	70.9
ASR/%	63.4	63.7	63.0	63.0	61.6	63.3	60.8
平均速度/FPS	139	146	146	135	153	135	150

从表 5-2 可以看出,各组实验均实现了实时跟踪,当选择 HSI 特征和 Gray 特征及

HOG 特征进行融合时算法跟踪性能最好。对比表 5-1 和表 5-2 可以看出将颜色特征和 Gray 特征及 HOG 特征进行融合后跟踪器的跟踪性能和单独使用颜色特征相比明显提高,其中融合 HSI 特征对跟踪性能的改善幅度最大;同时也可以发现,当选择 RGB 特征或 YUV 特征进行融合时,平均距离精度反而没有单独使用 HOG 特征的效果好,平均中心位置误差大于单独使用 HOG 特征的平均中心位置误差,这说明并不是融合越多的特征跟踪性能就越好,只有当多种特征具有某些互补性时才能保证融合后的特征对目标具有更好的描述能力,进而有效改善跟踪器的性能。如何选择合适的特征进行融合本身就是一个开放性的问题,本章则根据上述实验选择 HSI 作为颜色特征和 Gray 特征以及 HOG 特征融合。

5.4　尺度自适应协同跟踪

基于多特征融合的跟踪方法在一定程度上能够提高特征对目标外观的描述能力,有利于跟踪性能的提高,而且跟踪效率很高,满足实时跟踪的要求,但是该类型方法同本书第四章提出的多层卷积特征协同跟踪方法相比,除了跟踪效率的优势外,在其他性能指标上均处于明显的劣势,这是因为利用 CNN 进行特征提取所获得的目标特征不同于传统灰度、颜色等特征,这些卷积特征是机器"自己"利用海量的训练样本"学习"获得的图像特征描述符,因此,卷积特征对目标的表述能力较好,对于时效性要求不高但对精度要求很高的场合,应该选择第四章提出的多层卷积特征协同跟踪方法。

根据第四章的分析,虽然多层卷积特征协同跟踪方法有效克服了单一卷积层特征的不足,达到了较好的跟踪性能,但是该算法还存在两个明显的不足。一方面是算法对于"太黑"的目标容易发生跟踪漂移、目标丢失的现象,跟踪效果甚至不如传统的 HOG 特征。如图 5.2 所示为 KCF 算法和第四章提出的 CoT 算法对 Singer2 视频的跟踪结果,从图中可以看出利用 HOG 特征的 KCF 算法达到了良好的跟踪效果,而利用卷积特征的 CoT 算法则发生跟踪目标丢失的现象。另一方面是算法没有对目标尺度进行处理,虽然算法具有很高的定位精度,但跟踪的重叠精度和成功率还有很大的提升空间。接下来将重点讨论这两个问题:研究深度卷积特征与传统特征协同跟踪的策略,提高算法对"黑"目标的跟踪效果,在此基础上将尺度估计引入跟踪框架,提高算法对目标尺度变化的鲁棒性。

——— KCF算法提取特征为HOG　　　------- CoT算法提取特征为卷积特征

图 5.2　两种算法对于 Singer2 视频的跟踪结果

5.4.1　传统特征与卷积特征协同

　　基于卷积特征的 CoT 算法对于"黑"目标容易发生跟踪漂移、目标丢失现象的原因是卷积神经网络对灰度值低的目标不敏感,利用深度卷积神经网络对低灰度值的目标进行特征提取所得到的卷积特征接近零,因此卷积特征对目标的描述能力较低,进而引起跟踪漂移甚至目标丢失。图 5.3 是对 Singer2 初始帧目标进行特征提取的示意图,由于光照的影响,目标灰度值较低(实际上,目标区域的平均灰度值 $\Gamma<40,\Gamma\in[0,255]$),因此利用深度卷积神经网络所提取的卷积特征包含很少的目标信息,以至于卷积特征图的平均值接近于零。相比卷积特征,传统的 HOG 特征则包含了丰富的边缘或者称为梯度信息,利用这些信息可以有效地描述目标。

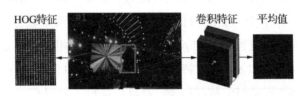

HOG特征　　　　　　　　卷积特征　　平均值

图 5.3　特征提取示意图

　　根据以上分析,本节在第四章提出的 CoT 算法的基础上利用传统特征设计相关滤波跟踪算法,并与 CoT 算法协同对目标进行跟踪,系统框图如图 5.4 所示。该协同跟踪算法首先需要训练四个相关滤波器,其中一个是基于多特征融合的相关滤波跟踪器,算法实现参考 5.2.2 节,特征融合则根据 5.3.3 节实验选择 HSI 作为颜色特征和 Gray 特征以及 HOG 特征融合,利用该跟踪器对目标进行跟踪可以根据最大响应值的位置找到目标在当前帧中的候选位置 $p_t^{(1)}$;另外三个相关滤波器则是基于卷积特征实现对目标的跟踪,选择 VGG‐19 的 relu3_4,relu4_4 和 relu5_4 层的输出特征图分别训练独立的相关滤波器。对目标进行协同跟踪的过程中,首先根据上一帧的跟踪位置在当前帧选取相应的搜索区域,提取对应的 CNN 中间层特征图,然后利用这些训练好的相关滤波器分别找到目标在每层特征上的响应图,最后将这些响应图加权求和找到最大响应位置即为目标在当前帧的候选位置 $p_t^{(2)}$，算法的实现以及参数的设定和第四章提出的 CoT 算法相同。参考 CoT 算法，图 5.4 中对 relu5_4、relu4_4、relu3_4 层响应图加权求和的权重 $[\gamma_1, \gamma_2, \gamma_3]$ 也设置为 $[1, 0.65, 0.01]$。

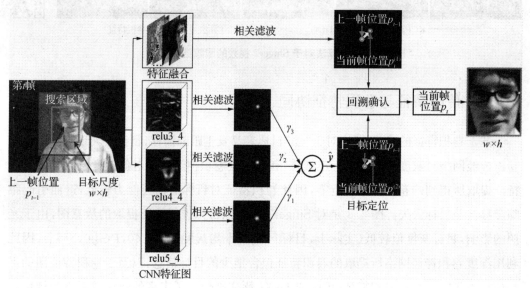

图 5.4 卷积特征与传统特征协同框图

利用传统特征和卷积特征协同跟踪获得候选位置 $p_t^{(1)}$ 和 $p_t^{(2)}$ 后，本节参考第三章目标回溯算法设计了一种基于回溯的目标位置确认算法，从两个候选位置中选定目标位置。回溯算法需要在候选位置 $p_t^{(1)}$ 和 $p_t^{(2)}$ 训练两个独立的相关滤波器，特征融合同样是选择 HSI 特征、Gray 特征以及 HOG 特征，滤波器的训练和 5.2.2 节一致。目标回溯即利用训练好的相关滤波器从当前帧（第 t 帧）对目标进行逆向跟踪，回溯的过程中滤波器的更新同式（5.11）。分别从当前帧的 $p_t^{(1)}$ 和 $p_t^{(2)}$ 位置逐帧回溯至第 $t-t_b$ 帧（t_b 为经验参数，本书设置为 20），获得对应的回溯目标区域 $B_t^{(1)}$ 和 $B_t^{(2)}$，第 t 帧目标位置回溯确认示意图如图 5.5 所示。

比较第 $t-t_b$ 帧的跟踪结果 B_{t-t_b} 与目标回溯结果 $B_t^{(1)}$ 和 $B_t^{(2)}$ 的重叠率，用下式计算：

$$OR_i = \frac{\text{area}(B_{t-t_b} \bigcap B_t^{(i)})}{\text{area}(B_{t-t_b} \bigcup B_t^{(i)})}, \ i=1,2 \tag{5.23}$$

其中，$\bigcap$ 表示重叠区域，$\bigcup$ 表示二者覆盖总区域，area(·) 表示区域的面积。

根据式（5.23）所计算两重叠率 OR_1、OR_2 的大小，则当前帧目标位置由式（5.24）确定。

$$p_t = \begin{cases} p_t^{(1)}, \text{如果 } OR_1 > OR_2 \\ p_t^{(2)}, \text{其他} \end{cases} \tag{5.24}$$

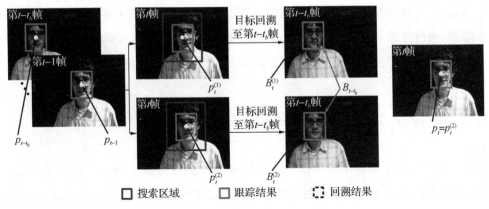

图 5.5　目标位置回溯确认示意图

为了节约计算开销同时又能兼顾跟踪性能的提高，根据第四章的实验分析，本节设置一个灰度阈值 $v\in[0,255]$（本书设置 $v=40$），在跟踪的过程中计算第一帧中目标的平均灰度值 Γ，当 $\Gamma\geqslant40$ 时，令 $p_t=p_t^{(2)}$；只有当 $\Gamma<40$ 时才对目标位置进行回溯确认。表 5-3 给出了基于回溯的目标位置确认算法基本流程。

表 5-3　基于回溯的目标位置确认算法基本流程

算法名称：基于回溯的目标位置确认算法
输入： 　　当前帧图像 z_t；当前帧目标候选位置 $p_t^{(1)}$ 和 $p_t^{(2)}$；回溯帧数 t_b； 　　历史跟踪结果 B_i，$i\in[1,t]$；视频初始帧目标平均灰度值 Γ。
输出： 　　确认当前帧的目标位置 p_t。
算法步骤： 　　(1) **if** $\Gamma\geqslant40$ **then** 　　(2) $p_t\leftarrow p_t^{(2)}$ 　　(3) **else** 　　(4) 在当前帧分别以候选位置 $p_t^{(1)}$ 和 $p_t^{(2)}$ 为中心选取目标图像； 　　(5) 分别提取 HSI、Gray 和 HOG 特征并融合得到融合后的特征； 　　(6) 基于$z(1)_t$ 和$z(2)_t$ 分别利用式(5.2)训练相关滤波跟踪器； 　　(7) 回溯目标至第 $t-t_b$ 帧，得到回溯目标区域 $B_t^{(1)}$ 和 $B_t^{(2)}$； 　　(8) 根据式(5.23)计算两重叠率 OR_1、OR_2； 　　(9) **if** $OR_1>OR_2$ **then** 　　(10) $p_t\leftarrow p_t^{(1)}$ 　　(11) **else** 　　(12) $p_t\leftarrow p_t^{(2)}$ 　　(13) **end if** 　　(14) **end if**

从表 5-3 可以看出本节所提回溯确认算法需要训练两个基于多特征融合的相关滤波跟踪器,通过设置一个灰度阈值 $v=40$,当目标的平均灰度值 $\Gamma<40$ 时对目标位置进行回溯确认,既能利用多特征融合的优势来改善 CoT 算法对低灰度目标跟踪的性能,又能节约计算开销。

5.4.2　目标尺度估计

由于视频中的运动目标和摄像机之间的相对距离常常处于"由远及近"或"由近及远"的变化之中,这就使得场景和目标区域都具有动态性,随着目标和摄像头之间距离的不断变化,场景中运动目标的尺度也会不断发生变化。为了有效实现视频目标的跟踪,获得良好的跟踪性能,就必须充分考虑目标区域因成像传感器与目标之间的相对距离变化而引起的目标图像尺度变化特性。因此本节将尺度估计引入多特征协同跟踪框架,设计一种尺度估计策略,提高算法对目标尺度变化的鲁棒性,实现尺度自适应协同跟踪(Scale Adaptive Cooperative Tracker,SACoT),SACoT 框图如图 5.6 所示。从图 5.6 可以看出,SACoT 算法主要分为两个步骤,首先利用 5.4.1 节所提出的卷积特征与传统特征协同跟踪算法获得目标的中心位置,然后对目标尺度进行估计。尺度估计则是在第二章基于分块的尺度自适应目标跟踪方法(PSAT)的基础上引入基于相关滤波的尺度估计策略,通过两种方法协同估计来完成。

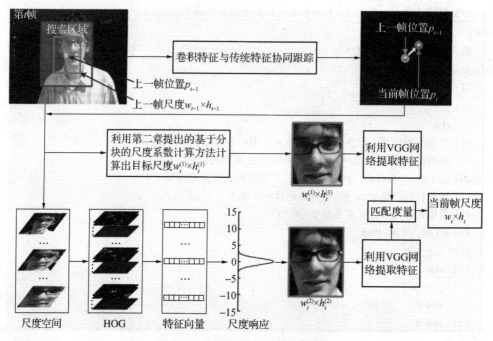

图 5.6　尺度自适应协同跟踪框图

首先利用 PSAT 方法对完成位置确认的目标进行尺度计算,获得跟踪目标的候选尺度 $w_t^{(1)} \times h_t^{(1)}$,然后利用 VGG-19 网络提取该尺度目标图像的特征,选择 VGG-19 网络 relu7 层的输出作为目标特征描述符,特征为 4 096 维的向量,记为 $\boldsymbol{\chi}_t^{(1)}$;同时引入尺度金字塔模型来估计目标尺度,假设当前帧是第 t 帧,在 5.4.1 节完成目标定位获得目标位置 p_t 后,以该位置为中心提取 Q 个不同尺度的图像块,每块目标图像的尺度为 $a^q w_{t-1} \times a^q h_{t-1}$,其中 $w_{t-1} \times h_{t-1}$ 是前一帧目标的大小,在当前帧中作为目标大小的先验值;a 是尺度系数,并且 $q \in \left\{ \left\lfloor -\dfrac{Q-1}{2} \right\rfloor, \left\lfloor -\dfrac{Q-3}{2} \right\rfloor, \cdots, \left\lfloor \dfrac{Q-1}{2} \right\rfloor \right\}$,其中 $\lfloor \cdot \rfloor$ 表示向负无穷取整运算。所有 Q 个图像块调整到统一尺寸后进行特征提取,为了节约计算时间尺度估计的过程只使用由 HOG 特征构成的特征向量。最后,利用尺度滤波找到输出响应最大值所对应的尺度即为当前帧目标尺度的估计值 $w_t^{(2)} \times h_t^{(2)}$,即

$$\begin{cases} w_t^{(2)} = a^{q'} w_{t-1} \\ h_t^{(2)} = a^{q'} h_{t-1} \end{cases} \tag{5.25}$$

其中,q' 为尺度空间的最大响应位置。同样也将 $w_t^{(2)} \times h_t^{(2)}$ 作为跟踪目标的候选尺度,然后利用 VGG-19 网络提取该尺度目标图像的特征,同样选择 VGG-19 网络 relu7 层的输出作为目标特征描述符,特征为 4 096 维的向量,记为 $\boldsymbol{\chi}_t^{(2)}$。

假设目标模板对应的特征向量为 $\boldsymbol{\chi}$,图 5.6 中匹配度量指的是度量模板向量 $\boldsymbol{\chi}$ 与两候选尺度目标图像对应的特征向量 $\boldsymbol{\chi}_t^{(1)}$ 和 $\boldsymbol{\chi}_t^{(2)}$ 的欧氏距离,选择和模板向量 $\boldsymbol{\chi}$ 欧氏距离较小的特征向量对应的目标尺度作为当前帧的目标尺度,即

$$\begin{cases} \begin{cases} w_t = w_t^{(1)}, \\ h_t = h_t^{(1)}, \end{cases} & \text{如果 } |\boldsymbol{\chi} - \boldsymbol{\chi}_t^{(1)}| < |\boldsymbol{\chi} - \boldsymbol{\chi}_t^{(2)}|; \\[2ex] \begin{cases} w_t = w_t^{(2)}, \\ h_t = h_t^{(2)}, \end{cases} & \text{其他} \end{cases} \tag{5.26}$$

计算出第 t 帧中目标尺度后再以 p_t 为中心,选取大小为 $\beta w_t \times \beta h_t$ 的图像块 z_t,利用当前帧的观测数据 z_t 和 $\boldsymbol{A}_t$ 和式(5.11)更新目标外观模板 $\hat{\boldsymbol{x}}$、系数 $\hat{\boldsymbol{A}}$ 和模板向量 $\boldsymbol{\chi}$。

5.5　尺度自适应协同跟踪算法测试

在普通 PC 机(Windows 7 系统,Inter i5-4690CPU,3.5GHz,16GB 内存)上基于 Matlab 平台实现如图 5.6 所示 SACoT 算法。首先利用多特征融合协同跟踪进行目标定位,然后利用回溯算法对目标位置进行确认,最后再分别利用分块策略和尺度金字塔模

型对目标尺度进行估计,其中,尺度估计过程中尺度系数 $a=1.035$,尺度空间 $Q=27$。为了对比不同跟踪算法的跟踪性能,选择平均中心位置误差(ACLE)、平均距离精度(ADP)、平均成功率(ASR)、距离精度曲线、成功率曲线作为评价指标。

5.5.1 公开数据集测试

选择公开的视频数据集[5](50 段视频)对 SACoT 算法进行验证,并与多种方法进行对比分析。

(1)算法性能分析

为了评估尺度估计算法和回溯确认算法的有效性,本节在 CoT 算法的基础上增加基于传统特征融合的算法进行协同跟踪并利用回溯算法对目标位置进行确认,该算法命名为 CoTB(Cooperative Tracking with Backtracking)算法,并分别对 SACoT 和 CoTB 进行测试①,两种算法在 50 段视频上平均跟踪结果如表 5-4 所示,表 5-4 同时列出 CoT算法和 KCF 算法用于对比。

表 5-4　不同算法在 50 段视频上平均跟踪性能对比

评价指标	本章算法		第四章算法	基准算法
	SACoT	CoTB	CoT	KCF
ACLE/像素	**9.4**	11.6	15	35.4
ADP/%	**92.1**	91.8	90	62.4
ASR/%	**86.7**	76.5	74.7	74.3
平均速度/FPS	1.1	1.2	1.3	**300**

从表 5-4 可以看出,CoTB 算法相对于原始 CoT 算法在 ACLE、ADP 和 ASR 三个关键指标上都有所提高,这说明利用多特征协同跟踪以及回溯确认算法能够提高跟踪器的性能;SACoT 算法在 ACLE、ADP 和 ASR 三个关键指标上都达到了最好的跟踪性能,特别是 ASR 指标相对于 CoTB 提高了 13.3%,相对于 CoT 以及 KCF 则分别提高了 12个百分点和 12.4 个百分点,这充分说明了尺度估计算法的有效性;同时需要指出的是SACoT 算法、CoTB 算法和 CoT 算法利用 CNN 提取特征获得高精度的跟踪结果的同时也牺牲了算法的效率,以至于它们平均跟踪速度远低于 KCF 算法。

---

① CoTB 算法融入尺度估计算法即为 SACoT 算法。

（2）算法对比分析

　　为了更好地评估算法的有效性以及对比算法的跟踪性能，除了基准算法 KCF[110] 外，本节还选取了其他 10 种跟踪方法 CN[118]、DSST[117]、HCFT[122]、HDT[123]、PCOM[88]、RPT[113]、SAKCF[125]、SRDCF[112]、Struck[104] 和 TGPR[130]，利用文献作者公布的原始代码和本章提出的 SACoT 算法在同样的实验条件下作对比实验，图 5.7 对比了本章 SACoT 算法与其他算法的距离精度曲线和成功率曲线。

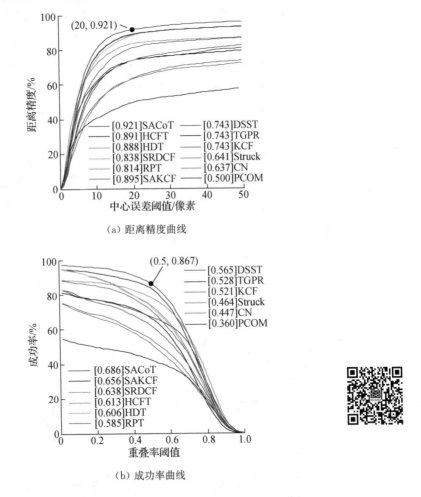

（a）距离精度曲线

（b）成功率曲线

图 5.7　SACoT 算法与其他算法跟踪结果对比

　　距离精度曲线表示中心误差阈值取不同值时的距离精度，图 5.7(a)所示图例中的数值代表每种方法在中心误差阈值取 20 个像素时的距离精度值，距离精度曲线反映了跟踪算法对目标中心的定位精度；成功率曲线表示重叠率阈值取不同值时的成功率，图 5.7(b)所示图例中的数值代表每种方法成功率曲线与坐标轴围成的区域面积（Area Under the Curve, AUC), 成功率曲线反映了跟踪算法的重叠精度。从图 5.7 可以看出, SACoT 算法在距离精度和成功率上均优于其他方法, 和基准算法 KCF 相比, SACoT 算法的 AUC 提高了 16.5 个百分点。

为了全面地分析 SACoT 算法的跟踪性能, 评测算法对不同场景的鲁棒性, 图 5.8 对比了 SACoT 算法与其他算法在不同场景下的成功率曲线, 这些场景包括: 光照变化 (Illumination Variation, IV)、尺度变化 (Scale Variation, SV)、遮挡 (Occlusion, OCC)、快速运动 (Fast Motion, FM)、平面内旋转 (In-Plane Rotation, IPR)、空间旋转 (Out-of-Plane Rotation, OPR)、变形 (Deformation, DEF)、运动模糊 (Motion Blur, MB)、移出视野 (Out-of-View, OV)、背景杂乱 (Background Clutters, BC)、低分辨率 (Low Resolution, LR), 其中每个子图图题标注了对应场景和视频段的个数, 最后一个图片为整个数据集上的综合性能对比。

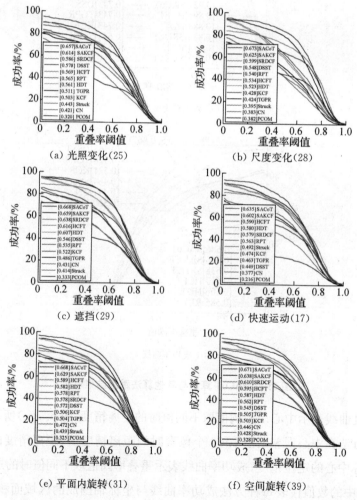

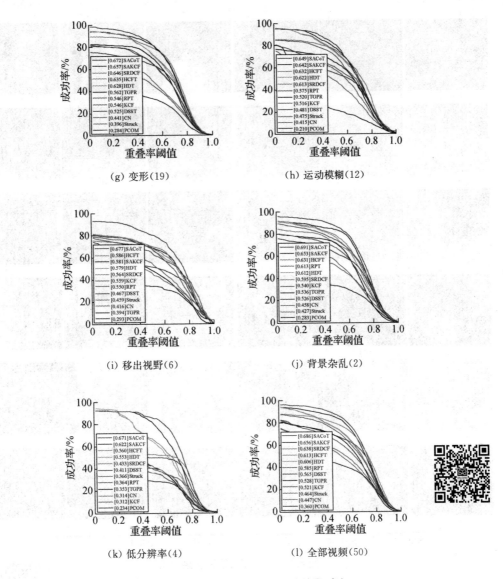

图 5.8　不同算法对不同场景跟踪结果对比

　　从图 5.8 可以看出,在 11 个场景中 SACoT 算法均取得了良好的跟踪性能,其中,对于光照变化的场景,SACoT 算法的 AUC 指标相对于次好的 SAKCF 算法提高了 4.3 个百分点,这不仅说明 SACoT 算法对光照变化具有较好的鲁棒性,同时也验证了回溯确认算法的有效性;类似地,对于尺度变化的场景,SACoT 算法的 AUC 指标相对于次好的 SAKCF 算法提高了 4.8 个百分点,这说明 SACoT 算法对尺度变化具有很好的鲁棒性,同时也验证了尺度估计算法的有效性。

SACoT   SAKCF   SRDCF   HCFT   HDT   KCF

图5.9　不同算法跟踪结果对比

　　为了更加直观地显示与比较不同算法的跟踪结果，图5.9列出了
SACoT算法同表现较好的SAKCF、SRDCF、HCFT、HDT以及基准方
法KCF在其中10段视频序列（(a)～(j)分别对应CarScale、David、Doll、Jogging2、
Skiing、Shaking、Soccer、Walking2、MotorRolling、Singer2）上的跟踪结果。这些算法中
SAKCF、HCFT和HDT所使用的特征为卷积特征，SRDCF和KCF则利用HOG特征
对目标进行描述。10段视频序列中包含的场景有：光照变化（(b)、(c)、(e)、(f)、(g)、(i)
和(j)）、尺度变化（(a)、(e)、(f)、(g)、(h)和(i)）、遮挡（(a)、(d)、(g)和(h)）、快速运动
（(a)、(g)和(i)）、平面内旋转（(a)、(b)、(c)、(e)、(f)、(g)、(i)和(j)）、空间旋转（(a)、(b)、

(c)、(d)、(e)、(f)、(g)和(j))、变形((b)、(d)、(e)和(j))、运动模糊((b)、(g)和(i))、背景杂乱((f)、(g)和(j))、低分辨率((h)和(i))。SACoT算法对于这些视频跟踪中常见的问题均具有一定的鲁棒性,在这些视频上均达到了较好的跟踪效果。特别需要指出的是:对于 MotorRolling 视频的跟踪,SACoT 算法和基于卷积特征的跟踪方法(SAKCF、HCFT 和 HDT)达到了较好的跟踪效果,但是基于传统特征的跟踪方法(SRDCF 和 KCF)则出现了不同程度的跟踪漂移,这说明 SACoT 算法保留了卷积特征的鲁棒性;相反地,对于低灰度的 Singer2 视频的跟踪,SACoT 算法和基于传统特征的跟踪方法(SRDCF 和 KCF)达到了较好的跟踪效果,但是基于卷积特征的跟踪方法(SAKCF、HCFT 和 HDT)则在第 20 帧以后出现了严重的跟踪漂移现象,这说明 SACoT 算法通过融合传统特征克服了卷积特征对于低灰度目标不敏感的缺点。以上跟踪结果说明 SACoT 算法兼顾了卷积特征和传统特征的优点,验证了算法的有效性。

5.5.2 军事目标跟踪实验

除了选择公开的视频数据集[5]外,本节标注了 3 段包含军事目标的互联网视频①(命名为 AircraftCarrier,Airdrop,F35),并利用其对 SACoT 算法进行测试,每段视频的定量、定性跟踪结果分别如表 5-5 和图 5.10 所示。

表 5-5 SACoT 算法对自制数据集的跟踪结果

评价指标	AircraftCarrier	Airdrop	F35	平均
ACLE/像素	7.5	2.2	7.9	5.9
ADP/%	100	100	100	100
ASR/%	99.75	99.36	94	97.7

从表 5-5 可以看出,SACoT 算法对 3 段视频均获得了良好的跟踪性能,ADP 指标达到了 100%,ASR 指标平均也达到了 97.7%。图 5.10 定性地给出了 SACoT 算法对 3 段视频的跟踪结果,从图 5.10 可以直观地看出 SACoT 算法对海上目标和空中目标均能实现较鲁棒的跟踪。需要说明的是,虽然 Airdrop 和 F35 两段视频中目标相对于整幅图

① 所选互联网视频的部分帧的标注。
AircraftCarrier 共计 400 帧,下载地址为 http://m.kuaigeng.com/video/6239428268077852672?s=shenma(该网址目前已停用);
Airdrop 共计 156 帧,下载地址为 http://v.qq.com/cover/j/j02y37wjjgnxdel.html? vid=z0162jwfqfn;
F35 共计 150 帧,下载地址为 http://v.qq.com/cover/j/j02y37wjjgnxdel.html? vid=y0016kyrh72。

片的比例很小,但是 SACoT 算法均能准确地定位目标。表 5 - 5 和图 5.10 说明 SACoT 算法对于海上和空中敏感军事目标也具有良好的跟踪性能,这将有助于确定敏感军事目标的位置及运动参数,如目标质心的位置、速度、加速度,或运动轨迹等等,从而有利于进行后续深入的处理与分析,以实现对特定敏感目标的行为理解,或完成更高级的任务。

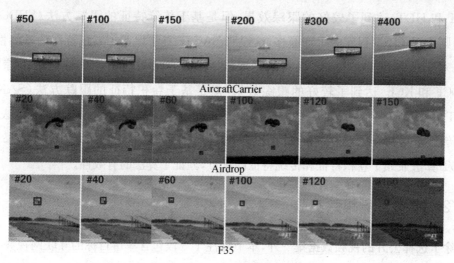

图 5.10 SACoT 算法对自制数据集可视化跟踪结果

5.6 本章小结

本章针对目标所处的场景复杂多变且难以预测,使用单一的固定特征对目标进行描述无法适应场景和目标的动态变化,跟踪效果不理想的问题,分析了多特征融合的优点与可行性,提出了一种基于多特征融合的相关滤波跟踪算法,对比了不同颜色特征的跟踪性能;同时为了使算法能兼顾卷积特征和传统特征的优点,研究了深度特征与传统特征的互补策略,在多层卷积特征协同跟踪算法的基础上,利用所提多特征融合方法设计并实现了目标回溯算法,通过回溯实现了对协同跟踪结果的确认验证,进而提高跟踪算法的鲁棒性;最后将尺度估计方法引入到所提算法中,实现了尺度自适应协同跟踪。在公开数据集上大量的定性和定量的实验表明所提方法不仅平均跟踪性能优于其他方法,而且该算法通过融合传统特征克服了卷积特征对于低灰度目标不敏感的缺点,提高了跟踪算法的鲁棒性;而且该算法在自制的包含军事敏感目标的数据集上也达到了良好的跟踪性能,相关实验结果验证了所提算法的有效性。

第六章 总结与展望

本章首先对上述章节的研究内容进行归纳总结,分析了本书所取得的创新性研究成果,然后对下一步的研究工作进行了展望。

6.1 工作总结

在计算机视觉领域中,视频目标跟踪一直都是一个重要课题和研究热点,在信息化军事、智能视频监控、智能交通、智能视觉导航、人机交互等领域都具有广阔的应用前景。本书主要研究基于相关滤波的视频目标跟踪技术,在相关滤波跟踪框架下设计了目标尺度估计算法与遮挡检测算法,引入有效的视频目标特征表示方法,研究了基于多层卷积特征的目标跟踪方法,同时研究了多特征融合策略以及多跟踪器协同的目标跟踪方法。本书的主要工作如下:

(1)针对视频目标跟踪中目标尺度的变化,在相关滤波框架下研究了视频目标跟踪中目标尺度的实时估计方法,提出了一种基于分块的尺度自适应目标跟踪方法,通过分块跟踪达到尺度计算的目的。该算法首先利用核相关滤波获得目标的中心位置,然后将目标均分为四个子块,训练四个子块相关滤波器,通过相关滤波找出子块中心的最大响应位置,其后根据前后两帧目标子块中心位置的相对变化,计算出目标尺度的伸缩系数,进而计算出目标尺度,成功将尺度的计算问题转化为对子块中心的定位;同时引入子块权重系数来剔除匹配异常的子块中心点提高算法鲁棒性,对相关滤波训练过程中所使用的样本标签函数进行研究,引入了中心函数值偏差较大的标签函数来提高中心定位的准确度;在具有尺度变化的公开数据集上,通过定性和定量的实验对所提方法进行验证,并和多种跟踪方法作对比,实验结果证明了算法的有效性;最后对所提算法的可扩展性进行了分析和实验验证,相关实验结果证明了算法的普适性。

(2)从记忆模型出发研究了目标跟踪中的遮挡检测方法以及遮挡情况下模型的自适应更新策略。首先从记忆机制出发,将视频目标跟踪中的目标模板理解为记忆模型中的长期记忆,将模型自适应更新理解为"记忆"的更新,即"记"的过程;受长期记忆需要通过不断"复述"或者理解为"忆"来强化和启发,提出回溯算法来模拟记忆模型"复述"或"忆"的过程;同时为了提高计算效率,在核相关滤波框架下提出了一步回溯遮挡检测算法,通过对比分析目标跟踪的结果和一步回溯结果实现对遮挡的检测,进而实现对目标遮挡区域的减除与目标重建,最后提出了模型自适应更新策略来避免由于目标被遮挡而带来的模型退化与跟踪漂移。在公开的包含严重遮挡目标的数据集上通过定性和定量的实验对所提方法进行了验证,相关实验结果表明所提方法不仅平均跟踪性能优于其他方法,实现了实时跟踪,而且还能嵌入到其他已知的视频目标跟踪方法中实现遮挡检测,算法具有一般性。

(3)针对传统特征难以实现复杂场景下目标的准确跟踪,将深度学习应用到目标跟踪,利用迁移学习将在大规模数据集 ImageNet 上训练的卷积神经网络模型引入相关滤波跟踪框架,利用深度卷积神经网络在特征提取方面的独特优势提出了一种基于卷积特征的视频目标跟踪方法,成功将深度卷积神经网络的中间层特征引入到目标跟踪;同时将单通道的核相关滤波扩展为多通道核相关滤波以实现特征和模型直接匹配;最后,在对卷积层特征层次分析的基础上,针对采用单一卷积层特征不能实现较好跟踪的问题,研究了多层卷积特征协同对冲机制,设计并实现了协同跟踪器对卷积层特征的选择以及对卷积层权重的快速调节,有效克服了单一卷积层特征的不足,大量定性和定量的实验验证了方法的有效性。

(4)针对目标所处的场景复杂多变且难以预测,使用单一的固定特征对目标进行描述无法适应场景和目标的动态变化,跟踪效果不理想的问题,分析了多特征融合的优点与可行性,提出了一种基于多特征融合的相关滤波跟踪算法,对比了不同颜色特征的跟踪性能;同时为使算法能兼顾卷积特征和传统特征的优点,研究了深度卷积特征与传统特征的互补策略,在多层卷积特征协同跟踪算法的基础上,利用所提多特征融合方法设计并实现目标回溯算法,通过回溯实现了对协同跟踪结果的确认验证;最后将尺度估计方法引入到所提算法中实现了尺度自适应协同跟踪。在公开数据集上,大量定性和定量的实验表明所提方法不仅平均跟踪性能优于其他方法,而且该算法通过融合传统特征克服了卷积特征对于低灰度目标不敏感的缺点,提高了跟踪算法的鲁棒性;并且该算法在自制的包含军事敏感目标的数据集上也达到了良好的跟踪性能。

6.2　未来展望

视频目标跟踪技术理论研究虽然已经取得了很大的发展,并且已经有部分成果进入实用化阶段,但是当前仍然面临着巨大的挑战,而且实际的应用中,不同的应用场合对目标跟踪算法性能指标的要求不尽相同,要真正推广开来,还有许多实际问题需要解决。就本书的工作而言,归结起来,从目标特征表示和模型更新来看,还有以下问题有待进一步研究:

(1) 由于视频目标跟踪缺少足够多的目标先验信息(通常只有初始帧图像),因此,本书利用迁移学习,将在大规模图像数据集 ImageNet 上训练的卷积神经网络模型引入视频目标跟踪,利用深度卷积神经网络在特征提取方面的优势提出了一种基于卷积特征的视频目标跟踪方法,虽然获得了较好的跟踪性能,但是由于 ImageNet 上预训练的卷积神经网络模型是一个通用的模型,该模型适用于图像分类、识别等领域,对目标跟踪的泛化能力有限,这也限制了目标跟踪的精度。容易想到的是将该模型看作初始模型,构建一个大规模的目标跟踪数据集对该模型进行"再训练",即微调(Fine-tuning),利用微调后的模型来提取特征进行目标跟踪,将进一步改善跟踪器的性能,这将是目标跟踪的一个研究方向。

(2) 不同的卷积层特征对目标具有不同的描述能力,而且卷积层特征均存在大量的冗余信息。本书通过实验选择了 VGG - 19 的 relu3_4,relu4_4 和 relu5_4 层的输出特征图构建协同跟踪器,并通过大量实验实现了协同权重的调节,但实际应用中不同的应用场景可能会对应着不同的卷积层特征,以及不同的权重系数,如何选择合理的卷积层数,实现卷积层数权重系数的快速调节,以及如何剔除卷积层特征所包含的冗余信息还需要进一步研究。

(3) 视频目标是时间轴上的一个图片序列,但是受限于视频处理技术以及计算机硬件,本书的目标跟踪均是基于图片的跟踪,将视频转化成一帧帧图片,通过处理目标图像来实现对视频的处理,这也就忽略了时间轴信息。如何利用时间轴信息,将视频中的目标序列看作一个整体进行特征提取,构建基于序列的目标跟踪也是下一步的研究方向。

(4) 基于相关滤波的视频目标跟踪的本质,就是在当前帧中找出与上一帧所确定的目标区域最相似的区域,用一个特征模板来匹配跟踪目标,通过最优化方法找出最佳匹配位置,跟踪过程中为了应对目标外观的变化,通常需要对目标模板进行更新,模板更新的策略是线性组合当前帧和之前的模板。此种方法丢失了大部分的目标先验信息,对于简单场景下跟踪效果较好,但是对于复杂场景,为了能够实现鲁棒的跟踪则时常需要动态调整模板的更新系数;而且该方法不符合人对客观世界事物认知的规律,从认知学来考虑:对目标的正确跟踪时间越久,获得的目标样本就越多,得到目标的信息就越丰富,对目标的描述就越清楚,对目标的认识就越全面。这些目标信息相对于之后的视频目标来说即为目标的先验知识,因此随着跟踪时间的增加,获得的目标先验知识就会越来越多,如何利用这些目标信息来提高跟踪性能也有待进一步研究。

(5)本书的研究表明,传统特征融合的策略能够在一定程度上提高跟踪性能,卷积特征与传统特征协同则进一步改善了跟踪精度,但是卷积特征大大降低了跟踪效率,这将难以满足一些实时性要求较高的场景(如无人驾驶、人机交互等领域)。如何在满足精度的同时兼顾跟踪效率和用户体验也将是目标跟踪未来的研究方向。

(6)通用的视频目标跟踪算法的适应性和抗干扰性有一定局限性,但是从实用的角度考虑,对于特定的应用场景可能不需要设计复杂的跟踪器,今后可研究针对单一目标的跟踪系统(如大型水面舰艇的跟踪、空中敏感目标的跟踪),以便服务于实际的应用需求。

总之,视频目标跟踪是计算机视觉领域的重要研究课题,需要综合利用图像处理、机器学习以及人工智能领域的相关知识。伴随着社会与经济的快速发展,无论是工业生产还是人们的日常生活都会对视频目标跟踪提出越来越多的实际需求,目标跟踪的市场也会越来越大,这必将为视频目标跟踪的发展提供强大的原动力;与此同时,视频图像处理技术的推陈出新和计算机硬件的不断升级,各种新方法、新技术和新设备的不断涌现,也为解决目标跟踪中不断出现的新问题提供了理论依据和技术手段。

参考文献

[1] Wu Y，Lim J，Yang M-H. Object tracking benchmark[J]. IEEE Transactions on Pattern Analysis and Machine Intelligence，2015，37(9)：1834 - 1848.

[2] Smeulders A W M，Chu D M，Cucchiara R，et al. Visual tracking：An experimental survey[J]. IEEE Transactions on Pattern Analysis and Machine Intelligence，2014，36(7)：1442 - 1468.

[3] 王栋. 基于线性表示模型的在线视觉跟踪算法研究[D]. 大连:大连理工大学,2013.

[4] Yang H X，Shao L，Zheng F，et al. Recent advances and trends in visual tracking：A review[J]. Neurocomputing，2011，74(18)：3823 - 3831.

[5] Wu Y，Lim J，Yang M - H. Online object tracking：A benchmark[C]. Proceedings of IEEE Conference on Computer Vision and Pattern Recognition，2013：2411 - 2418.

[6] Liu Q，Zhao X G，Hou Z G. Survey of single-target visual tracking methods based on online learning[J]. IET Computer Vision，2014，8(5)：419 - 428.

[7] 卢莉萍. 目标跟踪算法与检测处理技术研究[D]. 南京:南京理工大学,2012.

[8] Abdelkader M F，Chellappa R，Zheng Q F，et al. Integrated motion detection and tracking for visual surveillance[C]. Proceedings of IEEE International Conference on Computer Vision Systems，2006：28 - 33.

[9] 中国安全防范产品行业协会. 中国安防行业"十三五"(2016—2020 年)发展规划[EB/OL]. (2016 - 09 - 28)[2019 - 12 - 23]. http://news. 21csp. com. cn/C23/201609/11353283. html.

[10] 刘存信. 中国安防行业"十二五"发展回顾及"十三五"展望[J]. 中国安防,2016 (1)：27 - 34.

[11] 崔雨勇. 智能交通监控中运动目标检测与跟踪算法研究[D]. 武汉:华中科技

大学,2012.

[12] Rios-Cabrera R, Tuytelaars T, Van Gool L. Efficient multi-camera vehicle detection, tracking, and identification in a tunnel surveillance application[J]. Computer Vision and Image Understanding, 2012, 116(6): 742 - 753.

[13] Desouza G N, Kak A C. Vision for Mobile Robot Navigation: A Survey[J]. IEEE Transactions on Pattern Analysis & Machine Intelligence, 2002, 24(2): 237 - 267.

[14] Bonin-Font F, Ortiz A, Oliver G. Visual Navigation for Mobile Robots: A Survey[J]. Journal of Intelligent & Robotic Systems, 2008, 53(3): 263 - 296.

[15] Lu H C, Fang G L, Wang C, et al. A novel method for gaze tracking by local pattern model and support vector regressor[J]. Signal Processing, 2010, 90(4): 1290 - 1299.

[16] Lu H C, Huang Y J, Chen Y W. Automatic facial expression recognition based on pixel-pattern-based texture feature[J]. International Journal of Imaging Systems and Technology, 2010, 20(3): 253 - 260.

[17] Erol A, Bebis G, Nicolescu M, et al. Vision-based hand pose estimation: A review[J]. Computer Vision and Image Understanding, 2007, 108(1/2): 52 - 73.

[18] Qian C, Sun X, Wei Y C, et al. Realtime and robust hand tracking from depth [C]. Proceedings of IEEE Conference on Computer Vision and Pattern Recognition, 2014: 1106 - 1113.

[19] Ganapathi V, Plagemann C, Koller D, et al. Real time motion capture using a single time-of-flight camera[C]. 2010 IEEE Conference on Computer Vision and Pattern Recognition, 2010: 755 - 762.

[20] Liu J, Liu Y, Cui Y, et al. Real-time human detection and tracking in complex environments using single RGBD camera [C]. Proceedings of IEEE International Conference on Image Processing, 2013: 3088 - 3092.

[21] 乐宁. 基于视觉的直升机飞行模拟及跟踪系统研究[D]. 南京:南京理工大学,2010.

[22] Guerrero J, Salcudean S E, McEwen J A, et al. Real-time vessel segmentation and tracking for ultrasound imaging applications[J]. IEEE Transactions on Medical Imaging, 2007, 26(8): 1079 - 1090.

[23] Revell J, Mirmehdi M, McNally D. Computer vision elastography: speckle adaptive motion estimation for elastography using ultrasound sequences[J]. IEEE Transactions on Medical Imaging, 2005, 24(6): 755 - 766.

[24] Tang C W. Spatiotemporal visual considerations for video coding[J]. IEEE Transactions on Multimedia, 2007, 9(2): 231 - 238.

[25] Zhao Q P. A survey on virtual reality[J]. Science in China Series F: Information Sciences, 2009, 52(3): 348 - 400.

[26] Berryman D R. Augmented reality: a review[J]. Medical reference services quarterly, 2012, 31(2): 212 - 218.

[27] Remondino F. 3-D reconstruction of static human body shape from image sequence[J]. Computer Vision and Image Understanding, 2004, 93(1): 65 - 85.

[28] Leininger B, Edwards J, Antoniades J, et al. Autonomous real-time ground ubiquitous surveillance-imaging system (ARGUS-IS)[C]. Defense Transformation and Net-Centric Systems, 2008: 69810H.

[29] Huang K Q, Tan T N. Vs-star: A visual interpretation system for visual surveillance[J]. Pattern Recognition Letters, 2010, 31(14): 2265 - 2285.

[30] Yilmaz A, Javed O, Shah M. Object tracking: A survey[J]. ACM Computing Surveys, 2006, 38(4): 1 - 45.

[31] Broida T J, Chellappa R. Estimation of object motion parameters from noisy images[J]. IEEE Transactions on Pattern Analysis and Machine Intelligence, 1986, 8 (1): 90 - 99.

[32] Terzopoulos D, Szeliski R. Tracking with Kalman snakes[M]. Active vision. MIT Press, 1993: 3 - 20.

[33] Jwo D J, Wang S H. Adaptive fuzzy strong tracking extended Kalman filtering for GPS navigation[J]. IEEE Sensors Journal, 2007, 7(5): 778 - 789.

[34] Phadke G. Robust multiple target tracking under occlusion using fragmented mean shift and Kalman filter[C]. International Conference on Communications and Signal Processing, 2011:517 - 521.

[35] Kitagawa G. Non-Gaussian state—space modeling of nonstationary time series[J]. Journal of the American statistical association, 1987, 82: 1032 - 1041.

[36] Arulampalam M S, Maskell S, Gordon N, et al. A tutorial on particle filters

for online nonlinear/non-Gaussian Bayesian tracking[J]. IEEE Transactions on Signal Processing，2002，50(2)：174-188.

[37] Oron S, Bar-Hillel A, Levi L, et al. Locally orderless tracking[C]. Proceedings of IEEE Conference on Computer Vision and Pattern Recognition，2012：213-228.

[38] Li Y, Ai H Z, Yamashita T, et al. Tracking in low frame rate video: A cascade particle filter with discriminative observers of different life spans[J]. IEEE Transactions on Pattern Analysis and Machine Intelligence，2008，30(10)：1728-1740.

[39] Wang N Y, Shi J P, Yeung D Y, et al. Understanding and diagnosing visual tracking systems[C]. Proceedings of the IEEE International Conference on Computer Vision. 2015：3101-3109.

[40] 刘晴，唐林波，赵保军，等. 基于自适应多特征融合的均值迁移红外目标跟踪[J]. 电子与信息学报，2012，34(5)：1137-1141.

[41] 常发亮，马丽，乔谊正，等. 遮挡情况下基于特征相关匹配的目标跟踪算法[J]. 中国图象图形学报，2006，11(6)：877-882.

[42] 江山，张锐，韩广良，等. 复杂背景灰度图像下的多特征融合运动目标跟踪[J]. 中国光学，2016，9(3)：320-328.

[43] Dalal N, Triggs B. Histograms of oriented gradients for human detection[C]. Proceedings of the IEEE International Conference on Computer Vision and Pattern Recognition，2005：886-893.

[44] Dollár P, Appel R, Belongie S, et al. Fast feature pyramids for object detection[J]. IEEE Transactions on Pattern Analysis and Machine Intelligence，2014，36(8)：1532-1545.

[45] 唐继勇，仲元昌，张校臣，等. 基于自适应阈值 Kirsch-LBP 纹理特征的均值漂移目标跟踪算法[J]. 计算机科学，2015，42(8)：314-318.

[46] Pérez P, Hue C, Vermaak J, et al. Color-based probabilistic tracking[C]. Proceedings of the. European Conference on Computer Vision，2002：661-675.

[47] Everts I, Gemert J C V, Gevers T. Evaluation of color STIPs for human action recognition[C]. Proceedings of the IEEE Computer Vision and Pattern Recognition，2013：2850-2857.

[48] Siena S, Kumar B V K V. Detecting occlusion from color information to

improve visual tracking[C]. IEEE International Conference on Acoustics，Speech and Signal Processing. 2016：1111－1115.

[49] Liang P P，Blasch E，Ling H B. Encoding color information for visual tracking：Algorithms and benchmark[J]. IEEE Transactions on Image Processing，2015，24(12)：5630－5644.

[50] Lowe D G，Lowe D G. Distinctive image features from scale-invariant keypoints[J]. International Journal of Computer Vision，2004，60(2)：91－110.

[51] Tuytelaars T，Mikolajczyk K. Local invariant feature detectors：A survey [J]. Foundations and Trends in Computer Graphics and Vision，2008，3(3)：177－280.

[52] 陈杏源，郑烈心，裴海龙，等. 基于 Camshift 和 SURF 的目标跟踪系统[J]. 计算机工程与设计，2016，37(4)：902－906.

[53] 王丽芳，汪鑫，郑雪娜. 基于 SIFT 特征的复杂环境下目标跟踪算法研究[J]. 通讯世界，2016，(11)：257－259.

[54] Chen Q，Georganas N D，Petriu E M. Hand gesture recognition using Haar －like features and a stochastic context-free grammar[J]. IEEE Transactions on Instrumentation and Measurement，2008，57(8)：1562－1571.

[55] Zhang K H，Zhang L，Yang M H. Real-time compressive tracking[C]. Proceedings of the European Conference on Computer Vision，2012：864－877.

[56] Zhang K H，Zhang L，Yang M H. Fast compressive tracking[J]. IEEE Transactions on Pattern Analysis and Machine Intelligence，2014，36(10)：2002－2015.

[57] Wang S，Lu H C，Yang F，et al. Superpixel tracking[C]. Proceedings of the IEEE International Conference on Computer Vision，2011：1323－1330.

[58] Yang F，Lu H C，Yang M H. Robust superpixel tracking[J]. IEEE Transactions on Image Processing，2014，23(4)：1639－1651.

[59] Yuan Y，Fang J W，Wang Q. Robust superpixel tracking via depth fusion [J]. IEEE Transactions on Circuits and Systems for Video Technology，2014，24(1)：15－26.

[60] Higgins I，Matthey L，Glorot X，et al. Early visual concept learning with unsupervised deep learning[J]. arXiv preprint arXiv：1606. 05579，2016.

[61] Xia Z Q. An overview of deep learning[J]//Jiang X Y，Hadid A，Pang Y W，et al. Deep Learing in Object Detection and Recognition. New York，2016：1－18.

［62］LeCun Y，Bengio Y，and Hinton G. Deep learning［J］. Nature，2015，521 (7553)：436－444.

［63］Schmidhuber J. Deep learning in neural networks：An overview［J］. Neural Networks，2015，61：85－117.

［64］Krizhevsky A，Sutskever I，Hinton G E. Imagenet classification with deep convolutional neural networks［C］. Advances in Neural Information Processing Systems，2012：1097－1105.

［65］Karpathy A，Toderici G，Shetty S，et al. Large-scale video classification with convolutional neural networks［C］. Proceedings of the IEEE Conference on Computer Vision and Pattern Recognition，2014：1725－1732.

［66］Ouyang W L，Wang X G. Joint deep learning for pedestrian detection［C］. Proceedings of the IEEE International Conference on Computer Vision，2013：2056－2063.

［67］Neverova N，Wolf C，Taylor G W，et al. Multi-scale deep learning for gesture detection and localization［C］. Workshop at the European Conference on Computer Vision. Springer International Publishing，2014：474－490.

［68］Zhang Z P，Luo P，Loy C C，et al. Facial landmark detection by deep multi-task learning［C］. Proceedings of the European Conference on Computer Vision. Springer International Publishing，2014：94－108.

［69］Kim Y. Convolutional neural networks for sentence classification［C］. Proceedings of the 2014 Conference on Empirical Methods in Natural Language Pressing，2014：1746－1751.

［70］Ji S W，Xu W，Yang M，et al. 3D convolutional neural networks for human action recognition［J］. IEEE Transactions on Pattern Analysis and Machine Intelligence，2013，35(1)：221－231.

［71］Simonyan K，Zisserman A. Very deep convolutional networks for large-scale image recognition［C］. Proceedings of the International Conference on Learning Representations，2015：1－14.

［72］Li H X，Li Y，Porikli F. Robust online visual tracking with a single convolutional neural network［C］. Asian Conference on Computer Vision. Springer International Publishing，2014：194－209.

［73］Wang N，Yeung D Y．Learning a deep compact image representation for visual tracking［C］．Proceedings of Advances in Neural Information Processing Systems，2013：809－817．

［74］Chen Y，Yang X N，Zhong B N，et al．CNNTracker：Online discriminative object tracking via deep convolutional neural network［J］．Applied Soft Computing，2016，38：1088－1098．

［75］Hong S，You T，Kwak S，et al．Online Tracking by learning discriminative saliency map with convolutional neural network［C］．Proceedings of the International Conference on Machine Learning，2015：597－606．

［76］Nam H，Han B．Learning multi-domain convolutional neural networks for visual tracking［C］．Proceedings of the IEEE conference on Computer Vision and Pattern Recognition，2016：4293－4302．

［77］Wang L J，Ouyang W L，Wang X G，et al．Visual tracking with fully convolutional networks［C］．Proceedings of IEEE International Conference on Computer Vision，2015：3119－3127．

［78］Yu Q，Dinh T B，Medioni G．Online tracking and reacquisition using co-trained generative and discriminative trackers［C］．Proceedings of European conference on computer vision．Springer Berlin Heidelberg，2008：678－691．

［79］Wang D，Lu H C，Yang M-H．Least soft-threshold squares tracking［C］．Proceedings of IEEE International Conference on Computer Vision and Pattern Recognition，2013：2371－2378．

［80］Li X，Hu W M，Zhang Z F，et al．Visual tracking via incremental log-euclidean riemannian subspace learning［C］．Proceedings of IEEE Conference on Computer Vision and Pattern Recognition，2008：1－8．

［81］Ross D A，Lim J，Lin R S，et al．Incremental learning for robust visual tracking［J］．International Journal of Computer Vision，2008，77(1/2/3)：125－141．

［82］Ho J，Lee K C，Yang M-H，et al．Visual tracking using learned linear subspaces［C］．Proceedings of IEEE Conference on Computer Vision and Pattern Recognition，2004：782－789．

［83］Comaniciu D，Ramesh V，Meer P．Real-time tracking of non-rigid objects using mean shift［C］．Proceedings of IEEE Conference on Computer Vision and Pattern

Recognition, 2000: 142 - 149.

[84] Collins R T. Mean-shift blob tracking through scale space[C]. Proceedings of IEEE Conference on Computer Vision and Pattern Recognition, 2013: 234 - 240.

[85] Khan Z H, Gu I Y H, Backhouse A G. Robust visual object tracking using multi-mode anisotropic mean shift and particle filters[J]. IEEE Transactions on Circuits and Systems for Video Technology, 2011, 21(1): 74 - 87.

[86] Ning J F, Zhang L, Zhang D, et al. Scale and orientation adaptive mean shift tracking[J]. IET Computer Vision, 2012, 6(1): 52 - 61.

[87] Yi W, Ling H B, Yu J Y, et al. Blurred target tracking by blur-driven tracker[C]. Proceedings of IEEE International Conference on Computer Vision, 2011: 1100 - 1107.

[88] Wang D, Lu H C. Visual tracking via probability continuous outlier model [C]. Proceedings of IEEE Conference on Computer Vision and Pattern Recognition, 2014: 3478 - 3485.

[89] Mei X, Ling H B, Wu Y, et al. Minimum error bounded efficient $\ell 1$ tracker with occlusion detection[C]. Proceedings of IEEE Conference on Computer Vision and Pattern Recognition, 2011: 1257 - 1264.

[90] Pan J S, Lim J, Yang M H. L0-regularized object representation for visual tracking[C]. Proceedings of British Machine Vision Conference, 2014.

[91] Collins R T, Liu Y X, Leordeanu M. Online selection of discriminative tracking features[J]. IEEE Transactions on Pattern Analysis and Machine Intelligence, 2005, 27(10): 1631 - 1643.

[92] Yin Z Z, Collins R. Spatial divide and conquer with motion cues for tracking through clutter[C]. Proceedings of IEEE Conference on Computer Vision and Pattern Recognition, 2006: 570 - 577.

[93] Yan J, Chen X, Deng D X, et al. Structured partial least squares based appearance model for visual tracking[J]. Neurocomputing, 2014, 144(1): 581 - 595.

[94] Avidan S. Support vector tracking [J]. IEEE Transactions on Pattern Analysis and Machine Intelligence, 2004, 26(8): 1064 - 1072.

[95] Nascimento J C, Silva J G, Marques J S, et al. Manifold learning for object tracking with multiple nonlinear models. [J]. IEEE Transactions on Image Processing,

2014，23(4)：1593 – 1605.

[96] Tang M，Peng X，Chen D W. Robust tracking with discriminative ranking lists[J]. IEEE Transactions on Image Processing，2012，21(7)：3273 – 3281.

[97] Mei X，Ling H B. Robust visual tracking using ℓ1 minimization[C]. Proceedings of the IEEE International Conference on Computer Vision，2009：1436 – 1443.

[98] Lu H C，Zhang W L，Chen Y W. On feature combination and multiple kernel learning for object tracking[C]. Proceedings of Asian Conference on Computer Vision，2010：511 – 522.

[99] Jia X，Wang D，Lu H C. Fragment-based tracking using online multiple kernel learning［C］. Proceedings of IEEE International Conference on Image Processing，2012：393 – 396.

[100] Yang F，Lu H C，Chen Y W. Human tracking by multiple kernel boosting with locality affinity constraints［C］. Proceedings of Asian Conference on Computer Vision，2010：39 – 50.

[101] Dan Z P，Sang N，Huang R，et al. Instance transfer boosting for object tracking[J]. Optik-International Journal for Light and Electron Optics，2013，124(18)：3446 – 3450.

[102] Gao C X，Sang N，Huang R. Online Transfer boosting for object tracking ［C］. Proceedings of IEEE International Conference on Pattern Recognition，2012：906 –909.

[103] Luo W H，Li X，Li W，et al. Robust visual tracking via transfer learning ［C］. Proceedings of IEEE International Conference on Image Processing，2011：485 –488.

[104] Hare S，Saffari A，Torr P H S. Struck：Structured output tracking with kernels[C]. Proceedings of IEEE International Conference on Computer Vision，2011：263 – 270.

[105] Yao R，Shi Q F，Shen C H，et al. Robust tracking with weighted online structured learning［C］. Proceedings of European Conference on Computer Vision. Springer Berlin Heidelberg，2012：158 – 172.

[106] Bolme D S，Beveridge J R，Draper B A，et al. Visual object tracking using adaptive correlation filters[C]. Proceedings of IEEE Conference on Computer Vision

and Pattern Recognition, 2010: 2544 - 2550.

[107] Wang T S, Gu I Y H, Shi P F. Object tracking using incremental 2D-PCA learning and ML estimation[C]. Proceedings of IEEE International Conference on Acoustics, Speech and Signal Processing, 2007: 933 - 936.

[108] Bolme D S, Draper B A, Beveridge J R. Average of synthetic exact filters [C]. Proceedings of IEEE Conference on Computer Vision and Pattern Recognition, 2009: 2105 - 2112.

[109] Henriques J F, Caseiro R, Martins P, et al. Exploiting the circulant structure of tracking-by-detection with kernels [C]. Proceedings of European Conference on Computer Vision, 2012: 702 - 715.

[110] Henriques J F, Rui C, Martins P, et al. High-speed tracking with kernelized correlation filters[J]. IEEE Transactions on Pattern Analysis and Machine Intelligence, 2015, 37(3): 583 - 596.

[111] Zhang K H, Zhang L, Liu Q S, et al Fast visual tracking via dense spatio-temporal context learning[C]. Proceedings of European Conference on Computer Vision, 2014: 127 - 141.

[112] Danelljan M, Häger G, Khan F S, et al. Learning spatially regularized correlation filters for visual tracking[C]. Proceedings of IEEE International Conference on Computer Vision, 2015: 4310 - 4318.

[113] Li Y, Zhu J K, Hoi S C H. Reliable patch trackers: Robust visual tracking by exploiting reliable patches[C]. Proceedings of IEEE Conference on Computer Vision and Pattern Recognition, 2015: 353 - 361.

[114] Liu T, Wang G, Yang Q X. Real-time part-based visual tracking via adaptive correlation filters[C]. Proceedings of IEEE Conference on Computer Vision and Pattern Recognition, 2015: 4902 - 4912.

[115] Liu S, Zhang T Z, Cao X C, et al. Structural Correlation Filter for Robust Visual Tracking[C]. Proceedings of the IEEE Conference on Computer Vision and Pattern Recognition, 2016: 4312 - 4320.

[116] Ma C, Yang X K, Zhang C Y, et al. Long-term correlation tracking[C]. Proceedings of IEEE Conference on Computer Vision and Pattern Recognition, 2015: 5388 - 5396.

[117] Danelljan M, Häger G, Khan F, et al. Accurate scale estimation for robust visual tracking[C]. Proceedings of British Machine Vision Conference, 2014: 1 - 11.

[118] Danelljan M, Khan F S, Felsberg M, et al. Adaptive color attributes for real-time visual tracking[C]. Proceedings of IEEE Conference on Computer Vision and Pattern Recognition, 2014: 1090 - 1097.

[119] Weijer J V D, Schmid C, Verbeek J, et al. Learning color names for real-world applications[J]. IEEE Transactions on Image Processing, 2009, 18(7): 1512 - 1523.

[120] Jolliffe I T. Principal component analysis (2nd ed) [M]. New York: Springer,2002.

[121] Li Y, Zhu J K. A scale adaptive kernel correlation filter tracker with feature integration [C]. Proceedings of the European Conference on Computer Vision. Springer, 2014: 254 - 265.

[122] Ma C, Huang J B, Yang X K, et al. Hierarchical convolutional features for visual tracking[C]. Proceedings of IEEE International Conference on Computer Vision, 2015: 3074 - 3082.

[123] Qi Y K, Zhang S P, Qin L, et al. Hedged deep tracking[C]. Proceedings of IEEE Conference on Computer Vision and Pattern Recognition, 2016: 4303 - 4311.

[124] Chaudhuri K, Freund Y, Hsu D J. A parameter-free hedging algorithm[C]. Proceedings of Advances in Neural Information Processing Systems, 2009: 297 - 305.

[125] Li Y, Zhang Y F, Xu Y L, et al. Robust scale adaptive kernel correlation filter tracker with hierarchical convolutional features [J]. IEEE Signal Processing Letters, 2016, 23(8): 1136 - 1140.

[126] Everingham M, Gool L, Williams C K, et al. The pascal visual object classes challenge [J]. International Journal of Computer Vision, 2010, 88 (2): 303 -338.

[127] Kalal Z, Mikolajczyk K, Matas J. Tracking-learning-detection[J]. IEEE Transactions on Pattern Analysis and Machine Intelligence, 2012, 34(7): 1409 - 1422.

[128] Messerschmitt D. Stationary points of a real-valued function of a complex variable [J]. EECS Department, University of California, Berkeley, Technical Report, 2006.

[129] Schölkopf B, Herbrich R, Smola A J. A generalized representer theorem. In

Computational Learning theory, 2001: 416 - 426.

[130] Gao J, Ling H B, Hu W M, et al. Transfer learning based visual tracking with Gaussian processes regression[C]. Proceedings of the European Conference on Computer Vision. Springer, 2014: 188 - 203.

[131] Ebbinghaus Hermann. über das Gedüchtnis, Henry A Ruger, Clara E Bussenius. Memory: A contribution to experimental psychology[M]. New York: Teachers College, Columbia University, 1913.

[132] James William. The principles of psychology[M]. New York: Henry Holt. Retrieved, 2013.

[133] Waugh N C, Norman D A. Primary memory[J]. Psychological Review, 1965, 72: 89 - 104.

[134] Atkinson R C, Shiffrin R M. Human memory: A proposed system and its control processes[M]. In K. W. Spence and J. T. Spence. The psychology of learning and motivation (Volume 2). New York: Academic Press, 1968: 89 - 195.

[135] Halder R, Hennion M, Vidal R O, et al. DNA methylation changes in plasticity genes accompany the formation and maintenance of memory[J]. Nature Neuroscience, 2016, 19(1): 102 - 110.

[136] The 2014 Nobel Prize in Physiology or Medicine. Press Release. Nobelprize. org[EB/OL]. (2014 - 11 - 20)[2020 - 05 - 17]. http://www. nobelprize. org/nobel_prizes/medicine/laureates/2014/press. html.

[137] Akers K G, Martinez-Canabal A, Restivo L, et al. Hippocampal neurogenesis regulates forgetting during adulthood and infancy[J]. Science, 2014, 344 (6184): 598 - 602.

[138] Liu X, Ramirez S, Pang P T, et al. Optogenetic stimulation of a hippocampal engram activates fear memory recall[J]. Nature, 2012, 484 (7394): 381 -385.

[139] Harward S C, Hedrick N G, Hall C E, et al. Autocrine BDNF-TrkB signalling within a single dendritic spine[J]. Nature, 2016, 538(7623): 99 - 103.

[140] Rifkin R, Yeo G, and Poggio T. Regularized least-squares classification[J]. Nato Science Series Sub Series III Computer and Systems Sciences, 2003, 190: 131 -154.

[141] Horn R A，Johnson C R. Matrix analysis[M]. Cambridge：Cambridge University Press，2009.

[142] 周志华. 机器学习[M]. 北京：清华大学出版社，2016：97-112.

[143] Kohonen T. An introduction to neural computing[J]. Neural Networks，1988，1(1)：3-16.

[144] McCulloch W S，Pitts W. A logical calculus of the ideas immanent in nervous activity[J]. Bulletin of Mathematical Biophysics，1943，5(4)：115-133.

[145] Le Cun Y，Touresky D，Hinton G，et al. A theoretical framework for back-propagation[C]. The Connectionist Models Summer School，1988，1：21-28.

[146] Hornik K，Stinchcombe M，White H. Multilayer feedforward networks are universal approximators[J]. Neural Networks，1989，2(5)：359-366.

[147] Hinton G E，Osindero S，Teh Y W. A fast learning algorithm for deep belief nets[J]. Neural Computation，2006，18(7)：1527-1554.

[148] Hubel D H，Wiesel T N. Receptive fields，binocular interaction and functional architecture in the cat's visual cortex[J]. The Journal of Physiology，1962，160(1)：106-154.

[149] LeCun Y，Boser B，Denker J S，et al. Backpropagation applied to handwritten zip code recognition[J]. Neural Computation，1989，1(4)：541-551.

[150] LeCun Y，Bottou L，Bengio Y，et al. Gradient-based learning applied to document recognition[J]. Proceedings of the IEEE，1998，86(11)：2278-2324.

[151] Ciresan D C，Meier U，Masci J，et al. Flexible，high performance convolutional neural networks for image classification [C]. Proceedings of the International Joint Conference on Artificial Intelligence，2011：1237-1242.

[152] Nair V，Hinton G E. Rectified linear units improve restricted boltzmann machines[C]. Proceedings of the International Conference on Machine Learning，2010：807-814.

[153] 陆建江，张亚非，徐伟光，等. 智能检索技术[M].北京：科学出版社，2009：86-89.

[154] Felzenszwalb P F，Girshick R B，McAllester D，et al. Object detection with discriminatively trained part-based models[J]. IEEE Transactions on Pattern Analysis and Machine Intelligence，2010，32(9)：1627-1645.

附录 A　MOSSE 求解过程

MOSSE[106]优化目标为：

$$W = \underset{W}{\arg\min} \sum_i \| W^* \odot X_i - Y_i \|^2 \qquad (A.1)$$

将W^*的每个元素W_{uv}^*看成独立的变量[128]，将多变量优化问题转化成单变量优化问题，则有

$$W_{uv} = \underset{W_{uv}}{\arg\min} \sum_i \| W_{uv}^* X_{iuv} - Y_{iuv} \|^2 \qquad (A.2)$$

其中，u和v为元素索引。

令其偏导数为零，对每个元素W_{uv}^*单独求解，即

$$0 = \frac{\partial}{\partial W_{uv}^*} \sum_i \| W_{uv}^* X_{iuv} - Y_{iuv} \|^2 \qquad (A.3)$$

展开

$$0 = \frac{\partial}{\partial W_{uv}^*} \sum_i (W_{uv}^* X_{iuv} - Y_{iuv})(W_{uv}^* X_{iuv} - Y_{iuv})^* \qquad (A.4)$$

$$0 = \frac{\partial}{\partial W_{uv}^*} \sum_i \begin{bmatrix} (W_{uv}^* X_{iuv})(W_{uv}^* X_{iuv})^* - (W_{uv}^* X_{iuv}) Y_{iuv}^* - \\ Y_{iuv}(W_{uv}^* X_{iuv})^* + Y_{iuv} Y_{iuv}^* \end{bmatrix} \qquad (A.5)$$

$$0 = \frac{\partial}{\partial W_{uv}^*} \sum_i (W_{uv} W_{uv}^* X_{iuv} X_{iuv}^* - W_{uv}^* X_{iuv} Y_{iuv}^* - W_{uv} X_{iuv}^* Y_{iuv} + Y_{iuv} Y_{iuv}^*) \qquad (A.6)$$

得：

$$0 = \sum_i (W_{uv} X_{iuv} X_{iuv}^* - X_{iuv} Y_{iuv}^*) \qquad (A.7)$$

即

$$W_{uv} = \frac{\sum_i X_{iuv} Y_{iuv}^*}{\sum_i X_{iuv} X_{iuv}^*} \qquad (\mathrm{A.8})$$

写成矩阵形式：

$$W^* = \frac{\sum_i X_i^* \odot Y_i}{\sum_i X_i \odot X_i^*} \qquad (\mathrm{A.9})$$

附录 B 系数 α 的推导

在 2.3.1 节,构建的总损失函数为:

$$\varepsilon = \sum_{j=1}^{t} \beta_j \left(\sum_{m,n} \| \langle \varphi(\boldsymbol{x}_{m,n}^j), \boldsymbol{w}^j \rangle - \boldsymbol{y}^j(m,n) \|^2 + \lambda \| \boldsymbol{w}^j \|^2 \right) \tag{B.1}$$

其中,

$$\boldsymbol{w}^j = \sum_{k,l} \boldsymbol{\alpha}(k,l) \varphi(\boldsymbol{x}_{k,l}^j) \tag{B.2}$$

将 $\boldsymbol{w}^j$ 代入 ε 可解得

$$\varepsilon = \sum_{j=1}^{t} \beta_j \left[\begin{array}{l} \sum_{m,n} \left(\sum_{k,l} \boldsymbol{\alpha}(k,l) \langle \varphi(\boldsymbol{x}_{m,n}^j), \varphi(\boldsymbol{x}_{k,l}^j) \rangle - \boldsymbol{y}^j(m,n) \right)^2 \\ + \lambda \sum_{m,n} \boldsymbol{\alpha}(m,n) \sum_{k,l} \boldsymbol{\alpha}(k,l) \langle \varphi(\boldsymbol{x}_{m,n}^j), \varphi(\boldsymbol{x}_{k,l}^j) \rangle \end{array} \right] \tag{B.3}$$

核内积空间 κ 满足

$$\boldsymbol{k}_x^j(m,n) = \kappa(\boldsymbol{x}_{m,n}^j, \boldsymbol{x}^j) = \langle \varphi(\boldsymbol{x}_{m,n}^j), \varphi(\boldsymbol{x}^j) \rangle \tag{B.4}$$

ε 可写为

$$\varepsilon = \sum_{j=1}^{t} \beta_j \left[\begin{array}{l} \sum_{m,n} \left(\sum_{k,l} \boldsymbol{\alpha}(k,l) \kappa(\boldsymbol{x}_{m,n}^j, \boldsymbol{x}_{k,l}^j) - \boldsymbol{y}^j(m,n) \right)^2 + \\ \lambda \sum_{m,n} \alpha(m,n) \sum_{k,l} \boldsymbol{\alpha}(k,l) \kappa(\boldsymbol{x}_{m,n}^j, \boldsymbol{x}_{k,l}^j) \end{array} \right] \tag{B.5}$$

总损失函数是一个凸函数,$\boldsymbol{\alpha}$ 的全局最优解可以通过求导来计算,则有

$$\frac{\partial \varepsilon}{\partial (\boldsymbol{\alpha}(r,s))} = 2 \sum_{j=1}^{t} \beta_j \sum_{m,n} \kappa(\boldsymbol{x}_{m,n}^j, \boldsymbol{x}_{r,s}^j) \left(\sum_{k,l} \boldsymbol{\alpha}(k,l) \kappa(\boldsymbol{x}_{m,n}^j, \boldsymbol{x}_{k,l}^j) - \boldsymbol{y}^j(m,n) + \lambda \boldsymbol{\alpha}(m,n) \right)$$

$$= 2 \sum_{j=1}^{t} \beta_j \sum_{m,n} \kappa(\boldsymbol{x}_{r-m,s-n}^j, \boldsymbol{x}^j) \left(\sum_{k,l} \boldsymbol{\alpha}(k,l) \kappa(\boldsymbol{x}_{m-k,n-l}^j, \boldsymbol{x}^j) - \boldsymbol{y}^j(m,n) + \lambda \boldsymbol{\alpha}(m,n) \right)$$

$$= 2 \sum_{j=1}^{t} \beta_j \sum_{m,n} \boldsymbol{k}_x^j(r-m,s-n) \left(\sum_{k,l} \boldsymbol{\alpha}(k,l) \boldsymbol{k}_x^j(m-k,n-l) - \boldsymbol{y}^j(m,n) + \lambda \boldsymbol{\alpha}(m,n) \right)$$

$$\tag{B.6}$$

根据卷积定理,两个大小为 $M \times N$ 的函数 $f_1(x,y)$ 和 $f_2(x,y)$ 的卷积定义为:

$$f_1(x,y) * f_2(x,y) = \frac{1}{MN} \sum_{m=0}^{M-1} \sum_{n=0}^{N-1} f_1(m,n) f_2(x-m,y-n) \tag{B.7}$$

式(B.6) 可写为：

$$\frac{\partial \varepsilon}{\partial(\boldsymbol{\alpha}(r,s))} = 2\sum_{j=1}^{t} \beta_j \, \boldsymbol{k}_x^j * (\alpha * \boldsymbol{k}_x^j - \boldsymbol{y}^j + \lambda \boldsymbol{\alpha})(r,s) \tag{B.8}$$

由 $\forall (r,s) \in \{0,\cdots,M-1\} \times \{0,\cdots,N-1\}, \dfrac{\partial \varepsilon}{\partial(\boldsymbol{\alpha}(r,s))} = 0$ 可得：

$$2\sum_{j=1}^{t} \beta_j \, \boldsymbol{k}_x^j * (\boldsymbol{\alpha} * \boldsymbol{k}_x^j - \boldsymbol{y}^j + \lambda \boldsymbol{\alpha}) = 0 \tag{B.9}$$

利用离散傅里叶变换(DFT) 将式(B.9) 变换到频域，即

$$F\Big(\sum_{j=1}^{t} \beta_j \, \boldsymbol{k}_x^j * (\boldsymbol{\alpha} * \boldsymbol{k}_x^j - \boldsymbol{y}^j + \lambda \boldsymbol{\alpha})\Big) = 0$$

$$\Leftrightarrow \sum_{j=1}^{t} \beta_j \, \boldsymbol{K}_x^j \odot (\boldsymbol{\alpha} \odot \boldsymbol{K}_x^j - \boldsymbol{Y}^j + \lambda \boldsymbol{\alpha}) = 0$$

$$\Leftrightarrow \boldsymbol{\alpha} \sum_{j=1}^{t} \beta_j \, \boldsymbol{K}_x^j \odot (\boldsymbol{K}_x^j + \lambda) - \sum_{j=1}^{t} \beta_j \, \boldsymbol{K}_x^j \odot \boldsymbol{Y}^j = 0 \tag{B.10}$$

故

$$\boldsymbol{\alpha} = \frac{\displaystyle\sum_{j=1}^{t} \beta_j \, \boldsymbol{K}_x^j \odot \boldsymbol{Y}^j}{\displaystyle\sum_{j=1}^{t} \beta_j \, \boldsymbol{K}_x^j \odot (\boldsymbol{K}_x^j + \lambda)} \tag{B.11}$$

附录 C 误差反向传播算法推导

给定训练样本以及对应标签数据 $D = \{(x_1,y_1),\cdots,(x_i,y_i),\cdots,(x_m,y_m)\}$,其中, $x_i \in \mathbb{R}^d$, $\boldsymbol{x}_i = [x_{i1},x_{i2},\cdots,x_{id}]^T$, $y_i \in \mathbb{R}^l$, $\boldsymbol{y}_i = [y_{i1},y_{i2},\cdots,y_{il}]^T$,即每个样本为一个具有 d 维属性的实向量,对应标签为 l 维属性的实向量。根据训练数据,给出了一个多层前馈神经网络结构,该网络包含 d 个输入神经元,l 个输出神经元和 k 个隐层神经元。

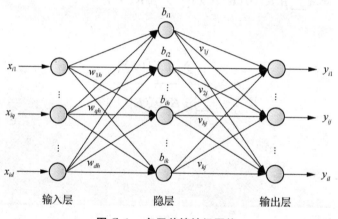

图 C.1 多层前馈神经网络

输入层到隐层共有 $d \times k$ 个权重参数,隐层到输出层共有 $k \times l$ 个权重参数,再加上隐层 k 个阈值,输出层 l 个阈值,该网络一共有 $(d+l+1)k+l$ 个参数需要确定。记第 q 个输入层和第 h 个隐层神经元之间的连接权重为 w_{qh};第 h 个隐层神经元和第 j 个输出层神经元之间的连接权重为 v_{hj}。当输入为 $\boldsymbol{x}_i = [x_{i1},x_{i2},\cdots,x_{id}]^T$ 时,第 h 个隐层神经元的输入为:

$$\alpha_{ih} = \sum_{q=1}^{d} w_{qh} x_{iq} \tag{C.1}$$

第 h 个隐层神经元的输出记为 b_{ih},第 j 个输出层神经元的输出为:

$$\beta_{ij} = \sum_{h=1}^{k} v_{hj} b_{ih} \tag{C.2}$$

假设网络中神经元的激活函数均为如第四章式(4.2)所示的 sigmoid 函数,第 h 个隐

层神经元的阈值用 θ_h 表示,第 j 个输出层神经元的阈值用 θ_j 表示。对训练数据 (x_i, y_i),假设神经网络输出为:

$$\hat{\boldsymbol{y}}_i = \left[\hat{y}_{i1}, \hat{y}_{i2}, \cdots, \hat{y}_{il}\right]^{\mathrm{T}} \tag{C.3}$$

即

$$\hat{y}_{ij} = f(\beta_{ij} - \theta_j) \tag{C.4}$$

该网络在训练数据 (x_i, y_i) 上的均方误差可写为:

$$E_i = \frac{1}{2} \sum_{j=1}^{l} (\hat{y}_{ij} - y_{ij})^2 \tag{C.5}$$

BP 算法对网络的训练是基于梯度下降(Gradient Descent)算法实现的,其参数的修正是沿着误差性能函数梯度的反方向进行的。梯度下降算法的训练策略是:

$$w \leftarrow w + \Delta w \tag{C.6}$$

其中,

$$\Delta w = -\eta \nabla E(w) \tag{C.7}$$

式中,η 为学习率,$\eta \in (0, 1)$,控制着 BP 算法每一轮迭代中的更新步长,$\nabla E(w)$ 为 E 对于 w 的梯度(Gradient),

$$\nabla E(w) \equiv \left[\frac{\partial E}{\partial w_1}, \frac{\partial E}{\partial w_2}, \cdots, \frac{\partial E}{\partial w_n}\right] \tag{C.8}$$

以 v_{hj} 为例来推导 BP 算法的参数训练,对式(C.5)的误差,在学习率为 η 时,Δv_{hj} 可表示为:

$$\Delta v_{hj} = -\eta \frac{\partial E_i}{\partial v_{hj}} \tag{C.9}$$

根据链式求导法则

$$\frac{\partial E_i}{\partial v_{hj}} = \frac{\partial E_i}{\partial \hat{y}_{ij}} \frac{\partial \hat{y}_{ij}}{\partial \beta_{ij}} \frac{\partial \beta_{ij}}{\partial v_{hj}} \tag{C.10}$$

由式(C.2)β_{ij} 的定义可得:

$$\frac{\partial \beta_{ij}}{\partial v_{hj}} = b_{ih} \tag{C.11}$$

再由式(C.4)、式(C.5)以及第四章式(4.3),有

$$\frac{\partial E_i}{\partial \hat{y}_{ij}} \frac{\partial \hat{y}_{ij}}{\partial \beta_{ij}} = \hat{y}_{ij}(1 - \hat{y}_{ij})(\hat{y}_{ij} - y_{ij}) \tag{C.12}$$

将式(C.11)和式(C.12)代入式(C.10),然后再代入式(C.9)即得到 BP 算法中关于 v_{hj} 的更新公式为:

$$\Delta v_{hj} = \eta b_{ih} \hat{y}_{ij}(1 - \hat{y}_{ij})(y_{ij} - \hat{y}_{ij}) \tag{C.13}$$

根据链式求导法则，类似可求得

$$\Delta\theta_j = -\hat{y}_{ij}(1-\hat{y}_{ij})(y_{ij}-\hat{y}_{ij})\tag{C.14}$$

$$\Delta w_{qh} = \eta x_{iq}b_{ih}(1-b_{ih})\sum_{j=1}^{l}v_{hj}\hat{y}_{ij}(1-\hat{y}_{ij})(y_{ij}-\hat{y}_{ij})\tag{C.15}$$

$$\Delta\theta_h = -\eta b_{ih}(1-b_{ih})\sum_{j=1}^{l}v_{hj}\hat{y}_{ij}(1-\hat{y}_{ij})(y_{ij}-\hat{y}_{ij})\tag{C.16}$$

至此，完成了一个训练样本对网络参数的一次更新，当所有的训练样本均完成对参数的一次更新后，则相对于整个网络的训练完成了一轮迭代，直到满足某些迭代条件为止，如已达到预设迭代步数或误差已经达到了一个很小的值。